分布式环境下可信服务计算优化方法研究

张佩云 著

U0175555

国家自然科学基金项目"面向用户信任需求和个性化交易的可信区块链关键技术研究"（项目编号：61872006）资助出版

科学出版社

北 京

内 容 简 介

云计算和雾计算是继并行计算和网格计算之后新的分布式计算模式，已经成为学术界和工业界的关注焦点。本书在已有成果的基础上，对可信服务计算优化方法进行探索研究，提出相应优化策略。本书的研究内容包括云计算中的可信服务优化、服务资源分配与定价、云服务故障检测、雾计算的任务分配与容错机制性能优化、可信服务推荐等 5 个方面。全书共 6 章，其中第 1 章为绪论，其余 5 章为上述 5 个方面研究内容的详细阐述。

本书可供计算机等专业本科生、研究生及相关科研人员阅读，也可作为云计算与雾计算工程师与管理人员的参考用书。

图书在版编目（CIP）数据

分布式环境下可信服务计算优化方法研究/张佩云著. —北京：科学出版社，2023.7
ISBN 978-7-03-074701-3

Ⅰ. ①分… Ⅱ. ①张… Ⅲ. ①云计算-研究 Ⅳ. ①TP393.027

中国国家版本馆 CIP 数据核字（2023）第 005410 号

责任编辑：纪晓芬 吴超莉 / 责任校对：赵丽杰
责任印制：吕春珉 / 封面设计：东方人华平面设计部

科 学 出 版 社 出版
北京东黄城根北街 16 号
邮政编码：100717
http://www.sciencep.com
天津市新科印刷有限公司 印刷
科学出版社发行 各地新华书店经销
*
2023 年 7 月第 一 版 开本：B5（720×1000）
2023 年 11 月第二次印刷 印张：11 1/4
字数：227 000
定价：115.00 元
（如有印装质量问题，我社负责调换〈新科〉）
销售部电话 010-62136230 编辑部电话 010-62135397-2039

前　言

PREFACE ■■■■■■

可信服务计算对确定系统和软件运行的可信状态具有极其重要的作用。本书针对分布式环境下可信服务计算面临的信任计算难、质量保障难、需求匹配难等技术挑战，通过多年探索，提出了一系列新的可信服务计算优化方法，阐明了服务的可信计算、可靠质量保障和个性化需求匹配机理，提升了分布式环境下服务质量并满足了用户的个性化需求。该研究工作对相关领域的研究者具有研究引领作用。本书独到之处如下：

1）针对传统的信任计算面临着时间耗费多和复杂度高的问题，提出云环境下基于域划分的信任计算方法，对云服务节点进行域的划分，基于滑动窗口，实现信任的及时计算并降低信任计算的资源开销，降低了信任计算的时间耗费和复杂性，提高了服务计算的可信性。

2）针对云环境中为任务临时创建与之匹配的虚拟机需要耗时多的问题，提出分布式环境下云任务动态调度方法和云服务故障自适应检测方法，实现任务调度从虚拟机静态匹配到动态匹配的突破及动态云故障检测，提升分布式环境下云服务质量的可靠性。

3）针对如何快速获取满足用户个性化需求的可信服务问题，对用户个性化功能需求进行分解，并利用语义词典提高功能需求语义匹配的准确性，提出基于社会网络的满足个性化需求的可信服务推荐方法，提高服务匹配的准确性，实现分布式环境下可信服务需求匹配。

本书是国家自然科学基金项目"云计算环境下自适应的可信服务组合动态协同研究"（项目编号：61472005）的研究成果，本书的出版同时得到了国家自然科学基金项目"面向用户信任需求和个性化交易的可信区块链关键技术研究"（项目编号：61872006）的支持和资助。

课题组成员孔洋、舒升、王雪雷、徐鸽、郭威峰、范家俊、丁松、陶言昊、何思开、潘朝君、黄天林等在课题的申报、算法设计、数据处理、专题报告的撰写及本书的成稿等方面，做出了富有成效的工作，这也是本课题相关研究能够高质量推进、本书能够顺利成稿的重要支撑，在此表示感谢。

限于作者水平，书中难免有不足之处，恳请广大读者批评指正。

目　录

CONTENTS ■ ■ ■ ■ ■ ■

第1章

绪　　论

1.1 研究背景和意义

1.1.1 研究背景

随着计算机技术的发展，在 2006 年的搜索引擎大会上，谷歌（Google）公司第一次提出"云计算（cloud computing）"的概念，十多年来，云计算技术在全球发展迅速，已成为当前信息技术（information technology，IT）领域的一个研究热点。关于云计算的定义，在初始阶段各研究机构及科技公司纷纷给出自己的说法，一时间众说纷纭，现阶段被大众所接受的云计算的定义由美国国家标准与技术研究院（National Institute of Standards and Technology，NIST）提出。简单来说，云计算就是将计算机各类资源虚拟化成服务提供给用户使用。

云计算作为一种商业计算模型，近年来发展得尤为迅速。例如，亚马逊（Amazon）、谷歌及赛富时（Salesforce）公司等都在大力发展云计算业务。云计算将计算任务分布到海量计算机组成的资源池中，使用户能够按需获取计算力、存储空间和信息服务。在云计算环境下，用户根据自身需求对云中服务资源的使用可以变得像生活中使用水、电、气等公共服务资源一样便捷。由此可见，云计算对传统的信息服务模式进行了较大的改变，使得人们可以通过网络直接获取服务和计算资源，给整个 IT 行业带来了划时代的意义。

云计算环境作为典型的分布式计算场景，由于云服务的高度动态和分布性，信任问题被认为是顺利使用云应用的重要挑战。传统的服务级别协议（service level agreement，SLA）方法对复杂的云信任管理而言是不够的，因为用户难以识别可信的云服务提供者。已有的信任计算方法面临着高误检率、难以快速收敛、恶意节点难以检测等问题，影响了云服务的性能。云环境可以提供弹性云服务，根据用户的自身需求，动态分配资源，实现多种服务的组合和动态适应云服务负载的变化。对于虚拟机这种典型的基础设施即服务（infrastructure as a service，IaaS）云服务，已有的调度方法难以解决由于临时动态创建虚拟机而产生的大量时间耗费问题。云故障检测是提高云系统性能的关键技术之一，云系统的运行数据将被监视、收集并用于反映其状态，基于这些数据的故障检测有助于云管理人员及时采取一些措施。云服务广泛应用的同时，也会面对更多的云系统故障检测问题，如何提高云环境下云服务的故障检测效率，促进云服务可靠稳定运行，已成为云计算研究中亟须解决的重要问题。由于云系统的复杂结构和动态变化特性，现有的云故障检测方法存在效率低、精度低等问题。

雾计算是云计算的延伸，因远程使用云计算服务存在的高延迟和带宽资源浪费等问题而产生。雾计算一经提出便引起学者的广泛关注并成为研究热点。雾计算使用一个或多个协作的、靠近用户的边缘设备来执行存储、通信、控制、配置、测量和管理功能，可以很好地解决远程使用云服务时遇到的通信延迟和带宽限制问题。在雾计算的体系结构中，云是一个远程控制和管理中心，可以存储大量数据，处理高度复杂但往往不紧急的任务，数据通过高速无线或有线通信发送到云端。雾层由相互连接的雾节点组成，提供地理分布、低延迟和紧急计算以及位置感知，每个雾节点都是一个短暂存储的资源中心，其功能包括网络转换、数据采集、通信、数据上传、数据存储、计算和管理。雾节点是云和边缘设备之间的桥梁，与边缘设备相比，雾节点具有更大的内存和更好的存储计算能力，使得从边缘设备端处理大量数据成为可能，但是雾计算和云计算同样面临信任安全问题。

1. 云计算可信服务优化方法

（1）云计算可信服务优化方法的研究背景

云计算作为一种新型的计算模式，已经成为学术界、工业界关注的焦点，是国家发展战略和信息化建设的重要组成部分[1]。云环境可以提供弹性服务，根据用户的自身需求，动态分配资源，实现多种服务的组合，动态地适应云服务负载的变化。

云计算体系架构分为用户访问接口、核心服务、服务管理3层，如图1-1所示[1]。

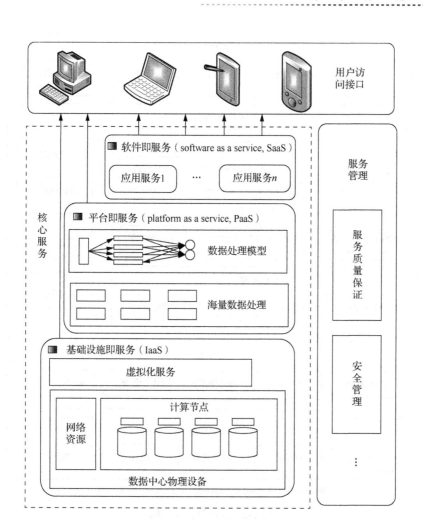

图1-1 云计算体系架构

在图 1-1 中，基础设施、软件、平台被看成各种服务。核心服务为服务管理层，该层用于保障核心服务的可用性、可靠性与安全性；用户通过访问接口层实现对云计算服务的泛在访问。图 1-2 给出了云计算技术架构，主要分成 4 层，本书第 2 章的工作主要体现在管理中间件层[2]。

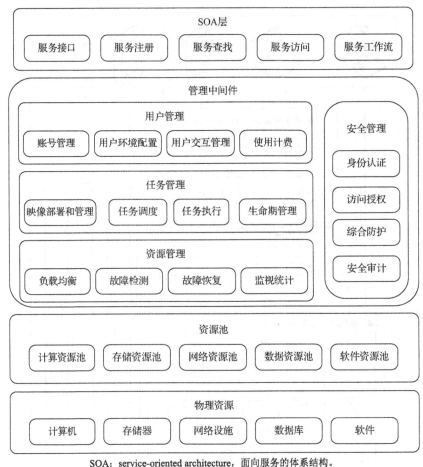

SOA: service-oriented architecture, 面向服务的体系结构。

图 1-2 云计算技术架构

由图 1-2 可知，管理中间件在技术架构中起着至关重要的作用，目前研究的热点包括任务调度、资源管理及安全管理的综合防护（信任管理）等。本书第 2 章从公有云环境下的信任管理、任务调度及负载均衡等角度，对公有云环境下的任务调度方法、信任计算模型等进行深入研究。

（2）云计算环境下任务调度研究现状

云计算环境下的任务调度是指将用户的需求进行合理的部署，以提高运营商的经济效益，具体体现在以下几个方面：最优时间跨度（makespan）[3]、负载均衡[4]、服务质量[5]、经济原则[6]。

当前的调度策略侧重于研究如何实现具体的调度目标及较优越的调度性能。随机负载均衡（opportunistic load balancing）算法[7]较好地解决了网络环境下负载不均衡的问题。Min-min 算法[8]、最小执行时间（minimum execution time）算法[9]、贪心算法、最小完成时间（minimum completion time）算法[10]和 Max-min 算法[11]等都是以降低任务调度的最优时间跨度为目标的调度算法。此外，云计算的经济原则主要在于减少能耗。有学者提出了降低能耗的动态调度算法，Chase 等[12]通过将空闲服务器转成节能模式来减少能耗，提出了一种用于数据中心层次上的节能调度算法。Si 等[13]提出了一种针对移动云计算资源的调度算法，该算法很好地解决了密集型任务调度的能耗问题。Lin 等[14]提出了一种多维度服务质量（quality of service，QoS）支持策略，实现了 QoS 服务的高效集成。Kumar 等[15]基于 QoS 实现了云环境下资源的合理分配和调度，提高了云服务质量。

当前研究的调度策略在最优时间跨度、负载均衡、服务质量、经济原则 4 个方面已经有了较为深入的研究，为云计算的发展做出了重要的贡献。然而，已有的调度研究难以解决由于临时动态创建虚拟机而产生的大量时间耗费问题，因此本书第 2 章提出了一种预创建虚拟机的方法，在任务分类的基础上实现虚拟机的合理调度，以提高虚拟机调度的成功率、降低时间耗费。

（3）云计算环境下信任管理研究现状

1994 年，Marsh[16]引入了社会学中的信任机制，实现了计算机领域的"安全"。Abdul-Rahman 等[17]引入了直接信任和推荐信任，并通过模型计算出信任值，实现了信任在实体间的传递。Kamvar 等[18]提出了 EigenTrust，通过对本地信任和网络中相关节点的交易信息进行计算，得出全局信任度，但该模型没有区分直接信任与间接信任，迭代计算需要较高的资源开销。Xiong 等[19]提出了 PeerTrust 算法，该算法利用了反馈计算节点的信任值，该模型可以很好地抵抗恶意行为攻击，但计算收敛较慢。Santos 等[20]将信任引入了云计算平台，提高了云计算的安全性和可靠性。Beth 等[21]通过经验和概念来表示度量实体间的信任关系，使用概率统计方法对信任进行建模。Yan 等[22]通过一种系统实现了信任传递模型，但系统需要较大的开销。Park 等[23]基于安全协议设计出了一种安全信任计算模型。Yang 等[24]将信任与调度相结合以提高云调度的可靠性和成功率。信任在很多领域都可以提高服务质量，但信任计算所带来的开销难以忽略。

上述信任模型可以简单分为两类，即依赖可靠第三方的信任模型与不依赖可靠第三方的信任模型。基于公钥基础设施（public key infrastructure，PKI）的信任模型是前者的代表，这类模型存在一个或一组可靠节点可以颁发信任证书，存储信任值，并实时更新信任数据，该模型面临的问题是存在较大的资源开销。后者的代表有基于社会信任网络的模型，该模型基于社会学有关信任的研究成果，将信任分为局部信任模型和全局信任模型[25]。该模型存在的问题是计算复杂度比较高，因此本书第 2 章结合这两类模型的优点，提出了公有云环境下一种基于信任传递的信任计算模型，以减少信任计算的资源开销和降低信任计算的复杂性。

近年来，在各种分布式应用的动态信任管理方面，学者们做出了大量的研究工作。他们通过利用多种数学方法和数学工具对信任关系进行建模，如 Tang 模型[26]、Chen 模型[27]、Tian 模型[28]、Jameel 模型[29]、Han[30]模型等。上述这些模型处理信任计算中的不可靠评价数据采取的都是后置策略，而后置策略的计算开销比较大。此外，已有模型难以解决云用户和云服务提供商之间的合谋欺骗问题，因此本书第 2 章提出了基于匿名评价的信任计算模型并进行博弈分析、对云服务提供商的合谋欺骗行为进行惩罚等。

云计算已经成为重要的科学计算和商业应用平台。云平台中有大量的计算资源和数据，而在公有云环境下不可靠云服务提供商是任务调度失败的主要威胁。传统信任计算需要较高的资源开销，影响了系统性能。在云计算带来便利的同时，由于云计算中不可靠云服务提供商对用户隐私数据的泄露屡见不鲜，因此在云计算环境下提供安全可靠的服务成为研究的重点。信任计算依赖于用户对云服务提供商的直接评价与其他用户的间接评价，信任带有一定的主观性。信任随着云服务提供商提供服务的质量改变而改变，具有一定的动态性。此外，信任存在欺骗性，如云环境下存在不可靠云服务提供商通过非法手段获取较高信誉而导致信誉具有较高的不可靠性等问题。

针对以上问题，本书第 2 章在公有云环境下建立了基于信任传递的信任计算模型，结合即时信任与历史信任计算云服务提供商信任度，为云计算中任务的调度提供有价值的参考，提出一种信任的按需计算策略，降低信任计算的资源开销。

本书第 2 章基于社会学有关信任的研究结果，将信任模型分为全局信任模型与局部信任模型。在公有云计算环境下，同一个域（按照某一规则划分）内进行的交易信任值使用局部信任。

2. 云计算环境下服务资源分配与定价研究

（1）云计算环境下服务资源分配与定价的研究背景

在云计算环境中，一个简易的云模型通常由云用户（cloud user）、云服务中心（cloud center）及云服务提供商（cloud service provider）3 个部分组成，如图 1-3 所示。云服务提供商将软硬件资源构建云集群，通过对用户收取费来完成用户所提交的请求[31]。云计算作为一种商业模式运行，在服务过程中必然尽可能地使自己获得更多的利益。然而，在市场环境下，根据用户的需求定律，如果云服务定价过高，相应的购买人数会降低，总利润可能会减少；若定价过低，购买人数会增加，但去除成本后，综合下来的利润也不一定会高[32]。因此，构建一个科学合理的资源分配与定价模型，使更多用户购买服务的同时又能使云服务提供商获得可观的利润，是十分必要的。

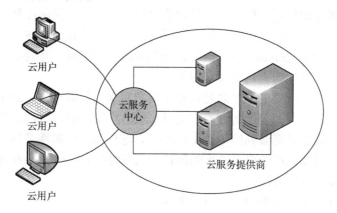

图 1-3 简易云模型

（2）云计算环境下资源分配研究现状

当前云计算环境下资源分配的研究可分为两个方向。

1）以最大化云计算的资源利用率为目标。根据用户具体需求［所需要的 CPU（central processing unit，中央处理器）、带宽、存储等资源］将云服务提供商的资源尽可能多地分配给用户，以提高资源利用率。李明楚等[33]利用隐马尔可夫模型（hidden Markov model，HMM）和非完全信息纳什均衡理论建立了一种"多赢家"式网格资源拍卖模型，在增加系统收益的同时提高资源利用率；Wei 等[34]提出了一种可保证云服务质量的蚁群优化算法，提高了云计算资源配置的效率和云服务提供商的资源利用率；曹洁等[35]为解决云虚拟机资源利用率低的问题，基于灰色波形预测方法，提出了一种按需分配资源方法，提高了云中心的处理机资源利用效率和用户任务请求完成率；Shi 等[36]提出了一种云资源调度模型，它不同于传统的以最小化任务完成时间为目标，而是以效用最大化为目标，提高了云资源的利用率，使得用户更加满意。

2）以最大化收益为目标。通常借鉴经济学领域的拍卖和博弈理论构建模型，这部分的研究内容还分为最大化整体收益和最大化云服务提供商收益。Zaheer 等[37]基于公平拍卖机制，提出了一种新的资源分配架构，但是该架构的目标是使某单个云服务提供商的花费最小，当云服务提供商为多个时未必最优；文献[38]将微观经济学与遗传算法相结合，把双向拍卖法运用到云资源分配中，兼顾用户和云服务提供商的利益，使买卖双方都能有较好的满意度，并且提高了资源利用率；Lan 等[39]提出一种适应性的双向拍卖策略，将最终交易时的价格与交易数量作为服务质量的标准，保证了用户和云服务提供商的利益最大化；文献[40]考虑了 QoS 约束的云资源分配问题，提出了一种两阶段的解决方案，先解决独立优化问题，再通过设计的进化机制，最终给出具体可行的方案，并且达到纳什均衡状态；文献[41]基于贝叶斯（Bayes）博弈对资源分配问题进行建模，并且用户之间是可以交互的，证明了纳什均衡是可以实现的。

上述研究存在一定的不足之处，由于用户需求日趋多样化、云服务本身的动态性都会在云服务资源分配的过程中造成负载不均衡问题。从能耗方面可以发现，我国的数据中心服务资源利用率在 10%左右，这使得云资源服务器更多时候是空闲的状态，并且在这种情况下产生的能耗为满载时的 60%[42]。因此需要设计更优化的云服务资源分配方法。

（3）云计算环境下资源定价研究现状

当前云市场的定价策略主要分为两种：固定定价策略和动态定价策略[43]。固定定价策略为各大云服务提供商所采用的较为普遍的定价方式，并且在定价方式中占主要地位[44]。固定定价意味着价格是不变的并且可以提前预知，不能根据用户的需求变化而变化。各云服务提供商根据自身运营状况进行不同方式的调整，大致可分为以下 3 类。

1）按量付费方式。按量付费方式[45]是云服务提供商根据用户使用的云计算服务的量来收取费用。例如，按一定时间段内的计算量或流量或 CPU 的使用等收取费用。这种方式较为直观，也便于计算，云服务提供商在实际运营时也很便捷。亚马逊和微软（Microsoft）等公司的部分云服务采用这种方式收费[46]。

2）合同定价方式。用户与云服务提供商签订关于使用云服务资源的合同，在固定的收费周期内以固定的价格使用云服务[47]。这种定价方式和按量付费方式相似，但也有区别，区别在于定价的收费单位是时间而不是使用的量。在云计算中的 SaaS 模式中，合同定价方式的使用最为广泛。Adobe、Salesforce 等公司采用这种合同定价方式[48]。

3）分类定价方式。分类定价方式即云服务提供商将云服务资源分成不同的种类，也可看作不同的等级。很明显，不同种类的服务资源会有不同的价格。分类的依据有 CPU 速度、CPU 个数、内存与带宽等。阿里云、谷歌等云服务提供商采用这种定价方式，为用户提供多样化种类的云服务资源[49]。

固定定价策略在实际运营中应用最为广泛,相关的文献研究也是较为深入的。文献[50]指出固定定价会造成资源浪费,同时对服务差价化的适应性较低。尽管有着不同的固定定价方式,但还是不能很好地满足用户的动态需求和反映出市场供需情况,对云服务提供商下一步的市场评估意义较小。因此,需要一个能解决用户动态需求的定价策略,也就是动态定价策略。

动态定价是指云服务运营商根据实际的用户、服务(资源)本身及市场的供需状况动态地调整云服务价格。动态定价策略的出现可以较好地解决许多不可预测的用户需求,对用户有很好的吸引力[51]。影响定价的因素主要有两个方面:一个是云服务提供商的利润因素,当前大多数研究是以云服务提供商的最大利润为目标,主要通过能耗的控制,如关闭空闲服务器、不同策略下开启的服务器的数量等,通过收入与耗费之间的平衡来达到获取最大利润的目的[52]。另一个是用户满意度因素,用户满意度可以认为由完成服务的质量以及所需付出的费用共同决定[53]。

Xu 等[54]通过对亚马逊云服务价格历史的研究,制定动态定价策略,用均匀需求模型对收入最大化问题进行了分析,并扩展到非均匀需求模型中;Xia 等[55]提出了一种基于组合双重拍卖的云资源管理模型,在拍卖模式中引入信任评估模型并将遗传算法和模拟退火算法相结合,提高了云服务的效率和安全性;文献[56]将微观经济学方法引入云计算环境的资源分配问题中,利用基于拍卖机制的反向拍卖方法,较好地改善了用户满意度和服务质量;文献[57]设计了一种基于拍卖的动态 VM 配置和分配机制,能够为云服务提供商带来更多的收益,并提高了云资源的利用率;文献[56]和文献[57]都是只考虑用户或云服务提供商一方的利益,忽略另一方的利益,不能较好地兼顾。Niyato 等[58]基于多个云服务提供商的合作行为,提出分层博弈模型,使云服务提供商能够获得更多的利润。

从研究方法看,部分研究是以经济学中的拍卖理论为基础,或是以此为原型进行优化的,拍卖方法有着一定的偶然性,其本身的偶然性局限着定价策略的优越性;从用户需求方面看,云服务资源分配方案大多仍以云服务提供商为中心,价格制定也更多地从云服务提供商的角度去考虑,不能真正地实现以用户需求为中心,满足用户的服务质量需求,因此需要设计更优化的云服务资源定价方法。

3. 云计算环境下云服务故障检测模型与算法研究

(1)云计算环境下云服务故障检测模型与算法的研究背景与意义
目前,随着云计算在全球席卷的浪潮,云计算在中国也迎来了发展巅峰。云计算环境下云应用性能检测与优化方法是实现云计算环境下系统稳定运行的基本保证，云环境下系统的复杂的动态变化及一定的开放性会让云系统更容易发生故障，导致失效服务发生，从而导致许多正常使用的服务受到干扰，同时会导致巨量经济的损失。谷歌公司在 2006 年初的一份报告[59]中指明：在谷歌的数据中心系统里，平均每个运行的 MapReduce 服务就会存在 5 个无效的节点，在一个具有上千个节点的、运行 MapReduce 服务的数据中心系统中，平均每隔 6h 就出现一个硬盘驱动器无效。2009 年初，谷歌文档系统发生错误后，美国电子隐私信息中心（Electronic Privacy Information Center，EPIC）请求介入委员会进行调查，以核实谷歌的云服务是否能够确保其隐私性及安全性。云系统常常发生故障，由此产生了巨大的负面影响，因此，云系统容错性能的好坏直接决定运行的云系统稳定性的好坏。云系统错误检测技术应自动检测故障并确保其及时性，通过故障检测，降低服务无效后导致的损失，因此，故障检测是改进云系统性能和稳定性的重要技术之一。云计算环境下云系统稳定性研究的核心是实现动态检测。目前，研究界针对云服务动态检测及优化的研究讨论已经有了一定的基础，但其依旧是研究界研究的焦点和重点。

由于云计算环境的动态复杂性，云故障事件频繁发生，这样会很大程度上限制云系统的应用和发展，同时云系统的维护成本越来越高，怎样及时准确地识别检测、提高容错能力、减少其成本是非常重要的。所以云服务故障检测技术是保证云计算环境下云系统可靠的重要技术。本书第 4 章主要介绍在云计算环境下云服务故障检测模型与算法研究，通过故障检测提升云系统的可靠性，拓展其应用，促进其发展。

（2）云计算环境下云服务故障检测模型与算法研究现状

云计算环境下云服务动态检测是一个关键的研究内容。Tellme 报告指出[60]：在云系统无效恢复时间中，其在检测错误故障时间占 75%，判断错误故障是否发生占 18%，前期检测错误故障可以防止或降低 60%以上的无效产生[61]。所以高效检测错误故障，同时精确判断发生错误问题的原因，是保证云系统提供及时和稳定服务的重要条件。

国内外研究者在故障检测方面提出了很多的理论和策略，进行了许多研究。部分研究者根据分布式系统的特点，提出在云计算环境下的故障检测除准确率等基本要求外，还需要满足系统相应动态性、低能耗等特殊需求。国内外学者提出了许多故障检测算法策略，以促进云故障检测技术的发展。

目前，云计算环境下的故障检测也是云计算的一大热点，在检测错误故障策略研究讨论中，一类针对已知错误故障，FlowDiff[62]架构适合在大数据中心对云系统每个层次进行检测，并由架构、使用等若干个层次分别定义错误故障的签名：架构签名要取得其物理拓扑框架，并使用到服务端函数关系，参考标准参数（如端到端的延迟时间及利用率等）；使用签名取得每个服务的行为（如负载量等）与服务间的联系行为；使用签名取得客户或服务所发生的行为（如增减服务器等）。FlowDiff 把目前数据中心的运行状态与历史已知正常状态相比，取得所发生的偏差信息，将这些偏差信息库与已建立的错误故障库进行比较以解析问题。文献[63]采用旧历史构建数据库来记录旧历史错误故障相关信息（包含错误故障发生原因、错误故障特征等），每检测一次错误故障，利用错误故障数据库寻找一次特征类似的记录。部分研究者将图中节点定义为属性，把连接的属性间的关系定义为关联性。错误故障产生时，其关联性会被打破，采用结构图记录错误故障签名，当错误故障再一次产生时，可通过分析类似的结构图，以获得解决故障的方法。Pinpoint 检测到错误故障响应后，记录每个部件的信息，之后采用 ID3 算法训练决策树[64]。这些特征信息映射为获取到的相应的路径信息（如集群服务器的网络地址）。构建决策树后，将从决策树根节点到其叶子节点构建联系路径，从而将决策树变换成特征库，进而使用特征库中的信息进行错误故障检测。另一类针对未知故障。Anike-tos 采用几何学理论来检测云系统的错误故障，将其划分成两个部分，分别为学习和检测[65]。在第一部分，获取云系统稳定运行时多个检测的数据，可以将某个检测时刻的检测数据看作一个点，利用点信息来构建几何空间，用以代表云系统稳定运行的空间。在第二部分，如果云系统运行时获取的检测数据不包含在几何空间中，那么检测系统认为其处于错误故障状态。文献[66]采用信息熵的知识对错误故障进行检测，主要采用以下步骤：首先将变量分为若干组，然后计算每个组的相应熵值，最后用其熵信息进行错误故障检测。以上的策略在云系统稳定运行环境中能够被较好使用，云系统环境的变化会导致所构建模型发生相应改变，进而可能导致错误故障检测结果不够准确。

针对上述问题，文献[67]探讨了有关负载灵敏度的错误故障检测理论。文献[68]在较长的时间周期内获取各个变量的检测数据，使用相应联系检验来寻找其有关变量，以构建变量的稳定联系性，之后使用交叉检验方法检验其有效性。通过在不同虚拟器上构建模型，检测每个服务的状态[69]。文献[70]利用某些变量的检测数据信息点较靠近某个中心点，构建变量联系性。虽然上述方案具有一定的错误故障检测的功能，但是在实际操作中仍然有许多问题。上述方案针对不同的环境需要设置不同的参数。

云计算环境下云系统故障检测研究现状：文献[71]和文献[72]定义系统状态信息为 $S = \{S^+, S^-\}$，其中，S^+ 表示满足条件，S^- 表示不满足条件；将其变量定义

成 $M = [m_0, m_1, \cdots, m_n]$ ，其中，m_i 表示第 i 个变量值。计算变量 m_i 对不满足条件的概率：$(m_i | S^-)$ ，其发生概率越高，变量 m_i 产生错误故障的概率就越高。例如，常见的检验方法——卡方检验，是通过判断其检测的数据是否满足一样的分布进行检验的，如果不满足，则认为是错误故障[64, 73]。雅克比系数一般被使用在变量联系性检测问题上[68, 70]。文献[66]把组件的关键性带到错误故障检测中，若其组件的联系关系能够利用代码取得，则组件的关键性需要利用其他有关组件，同时动态变化。基于模式比较的方案[74-75]是使用较多的日志分析方案，使用一定规则提取日志中的文本，之后对提取的文本进行相应分类。还有通过系统行为痕迹分析，利用检测架构[76]对中间组件进行部署，来追踪相应组件的联系痕迹并构建模型。IBM 提供了自主检测模型，其由若干个相互有关的数据构成，利用这些数据实现其系统动态管理[77]。云系统中多个资源的使用一般会有一定的相关性[78]，检测系统所检测的系统变量会具有一定的线性关系[79]。在云计算环境下，云系统服务负载不断产生变动[80]。针对云计算环境下云服务故障动态检测研究，上述两类方法对故障检测有一定作用，但是，第一类方法无法做到对系统内部透明，在线分析效率不高；在第二类方法中，神经网络需要大量的样本，实际上故障样本很难得到，未考虑动态调节检测周期。本书第 4 章将结合基于网格-支持向量机（grid-support vector machine，GRID-SVM）的故障检测模型及其评估更新策略以及混合策略下动态检测周期调节进行探究。

在云计算环境下，云系统的错误故障检测技术面对的挑战，一般表现在以下几个方面[81]。

1）动态处理分析：云计算环境下的云系统一般由众多节点组成，而且又被分成很多层次，云系统规模庞大，云系统维护人员也无法利用传统人工分析法找出问题所在。

2）寻找错误故障组件：云计算环境下云系统一般由许多组件组成，而且极大可能部署在不同的节点上，使用不同的服务，组件之间的联系复杂，所以很难高准确率地检测出导致云系统发生错误的有关组件。

3）专业知识缺乏：用户自己部署的云平台一般对维护人员是不透明的，从而导致维护人员无法获得软件内部结构，无法建模。

4）检测软件自适应：由于云系统环境复杂多变，很难通过离线的方式对云系统的运行状态建模。

云计算环境下云服务检测框架一般是采用旧历史检测数据制定预警库，或者构建分析模型作为比较基础。但这种方法的前提一般是：云系统在大多数时间可以正常运行，只有在特殊环境中会发生错误故障。云平台错误故障检测方法一般分为 3 个阶段，即获取云系统状态信息、构建数学模型和分析云系统状态。获取云系统状态信息：可采用不同的获取工具取得不同的状态信息。构建数学模型：在云系统正常运行的条件下，构建数学比较模型。分析云系统状态：将目前云系统的运行状态信息通过数学比较模型进行分析，用以判断目前云系统是什么状态。

云计算环境下云服务检测框架一般由获取状态信息数据、状态信息数据管理、错误故障检测、错误故障判断及错误故障应对等组成。①获取状态信息数据：用以收集云系统运行状态信息，能够部署在不同层次（如物理层、系统层或应用层）获取状态信息，之后将获取的状态信息传给状态信息数据管理。②状态信息数据管理：将获取的云系统状态信息数据，进行前期的分析处理，降低数据维数和噪声数据等，再将其进行存储，用来构建数学模型。③错误故障判断：将获取的云系统状态信息数据与构建的数学模型进行比较，用以判断当前云系统运行的状态。④错误故障应对：通过对云系统当前状态的分析，找到错误发生的位置，就能够对相应错误故障进行处理。

云计算环境下云系统故障检测[81]方法一般可分为两大类：一类是根据规则检测，另一类是根据异常程度检测。根据规则检测的方法是，利用历史错误故障发生时所产生的某个表现规定这个故障可以分析的特征，若以后检测出某个表现与其相似，则可认为其发生错误故障。根据异常程度检测的方法是，构建数学比较模型，把系统运行的状态信息与其分析比较来判断云系统的当前状态。根据检测对象的不同和内部结构的不同，检测方法一般可分为 3 类：白盒测试、灰盒测试和黑盒测试。其中，白盒测试获取具体运行特征行为进行错误故障分析；灰盒测试，利用特殊云系统日志方式对系统状态进行分析；黑盒测试，直接利用监控参数数据，无须深入云系统内部，进行云系统运行状态分析。

分布式系统故障一般是由系统运行时的复杂原因所导致的，如硬件故障、软件失效等，故障本身具有随机性，很难被重现，如软件并发带来的死锁问题等[66, 78]，此类故障占 15%～80%[82]。这些故障难以在软件开发及测试阶段被发现及被及时处理，此外由于云系统的动态性，系统维护人员也很难通过人工及时跟踪云系统的运行状态。因此，有必要采用云故障检测技术，如通常使用在线检测系统检测云故障发生与否，从而减少或避免云系统故障所导致的损失，但是这些在线检测系统还面临着检测准确度不高的问题。

许多研究者一直致力于故障检测的研究。当前故障检测技术大致可分为两类。近年来，第二类检测方法引起了研究者们的关注。第二类检测方法在构建故障分析模型时，利用对系统搜集的各监控参数数据进行构造，所采用的技术包括基于反向传播（back propagation，BP）神经网络[83-85]方法、基于 BP 神经网络加以改进的学习矢量量化（learning vector quantization，LVQ）网络[86-88]及支持向量机（SVM）[89]等。文献[90]利用 BP 神经网络检测云计算环境下的软件故障，文献[91]利用 LVQ 对故障进行检测，文献[79]、文献[92]～文献[97]利用支持向量机对目标进行分类。该类方法属于黑盒检测方法。

将第二类检测方法应用于云系统具有以下优势：①克服了专业知识的缺乏，无须事先对云系统的故障特点进行描述，无须深入了解云系统内部情况，而仅利用云系统提供的端口监控数据即可，因此适用范围比较广；②在线及时监控和分析云系统的相应特点，在系统测试环境下，可以高效准确地检测系统的相应特点；③自适应分析云系统状态，可以减少系统复杂的管理操作，能够较好地处理规模庞大、动态变化的云系统。虽然该类方法不需要事先知道云故障的类型特点，但是由于云计算环境的动态变化与规模巨大，建立具有一定鲁棒性和普适性的基准非常困难，因此基于一般的故障分析模型的云故障检测方法具有较高的误报率。本书第 4 章基于 SVM 对故障进行检测，以解决如下问题：①如何在只有有限样本点的情况下寻找最优解；②如何实现算法复杂程度与样本点维数无关，以及得到全局最优解。SVM 具有十分清晰的集合意义，能够根据其几何性质来选择其构造学习方法和模型结构，但是传统的 SVM 存在判断准确性不高和模型没有得到及时更新的问题。因为模型的样本空间若不及时更新，将会影响模型的准确性，所以本书第 4 章提出一种改进的基于 GRID-SVM 的故障检测模型：①利用相关性分析监控参数间的相关性，并利用主成分分析（principal component analysis，PCA）方法从监控参数中找到能够反映云系统运行状态的关键监控参数；②根据基于 GRID-SVM 故障检测模型，对云系统运行状态进行评价，用于预测云系统故障发生与否的概率；③通过加入云故障评估策略、云故障预测模型更新策略，进一步提高模型的性能。

由于云计算系统结构复杂，体量巨大，因此检测系统要求能从多个节点上检测多个层次（如系统层、中间件层、应用层）各种资源使用量的检测数据，为云计算系统的运行状态持续检测提供信息。但是，检测、传送及分析众多检测数据肯定会导致云系统资源的巨大消耗，从而会降低云系统的性能及异常检测的时效性和准确性。亚马逊 CloudWatch 检测系统和谷歌检测系统只支持固定时长的检测周期，如几分钟对检测数据收集一次。同样，从使用者的角度，要求使用云平台检测服务的费用与检测的频率成正比，检测费用会占总运行费用的 18%。因此云系统维护人员和使用者希望能够减少检测对象数量和降低检测频率（在单位时间内的检测数据的检测次数），以降低云系统的维护成本和使用费用。由于故障在持续检测的周期内发生，虽然检测对象过少及检测频率过低可降低云系统开销，但是有效检测数据过少也会降低故障检测的准确性与时效性。因此，如何调节检测频率，成为检测云计算系统并保证云系统可靠性的关键。

目前，大型数据中心着重于检测系统结构和协议的设计，以降低故障检测对通信网络产生的负载。云系统维护人员一般会参考专业知识，在不同的使用环境下采用不同的检测对象，人为设定数据对象和频率，这种方法能够适用的云系统数量较少，而且设定的好坏直接决定检测效果的优劣。实际上，在云系统环境下，由于云应用的多样性及云系统的透明性，云系统维护人员很难设置专业领域的检测规则。由于很难在平台测试使用过程中提前发现并及时消除故障，同时云系统维护人员难以人工检测云系统的运行状态并及时发现问题，因此故障检测技术被广泛应用于在线监测系统的运行及自动及时检测故障的发生，以避免或减少故障发生所带来的损失。

第一类技术方法加入第二类技术方法，即构成了基于混合策略构建的故障分析模型，该模型利用对系统搜集的各监控参数数据进行构造，所采用的技术包括基于决策树有关知识，文献[98]～文献[100]中决策树对于分类有很好的效果，文献[101]采用了决策树在线预测。对比其他故障预测分类算法[102-103]，如基于分段的卷积神经网络（segment based convolutional neural network，SCNN）、概率神经网络（probabilistic neural network，PNN）等，决策树有以下优点：很容易表达实现，系统维护人员利用后易于理解和实现，人们易于理解决策树所表达的含义。决策树对数据的前期处理一般是简单的，其他的算法一般对数据前期处理要求严格。但是决策树的劣势也很明显，通常情况下，若不同类别样本个数不一致，则决策树中信息增益的结果主要表现为对于各类别样本数量不一致的数据，在决策树中信息增益的结果就会偏向具有更多样本的特征，由于决策树中节点判定是有明确的规则的，因此可能会使结果产生误差。为降低其问题影响，将对检测样本进行相应处理。

同时，一般云系统的检测时间周期分为固定时间周期和可变时间周期。固定时间周期对每个检测设置一个固定时长的检测周期，收集器采用能够远端调节检测周期的方式，但是使用人为调节方式来调节检测粒度，很难快速响应数据。Nagios[104]采用固定时间方式检测优化。该检测面临的问题是云系统正常运行情况下收集的检测数据通常是在警戒线以下，无须对所产生的故障预警进行处理，云系统会继续按照先前设定的时间周期对采样数据进行收集，而实际上该预警的时间点占检测时间的比重非常少，意味着云系统浪费很多的资源去收集无效的数据，同时增加观察数据时间和云系统维护人员的压力。此外，对单个参数属性设置警戒线，也难以解决云计算环境中系统参数之间的关系复杂的问题，同时也会影响云故障的检测率。

针对上述问题，本书第 4 章选取多个对云故障预警有效的属性，利用检测节点收集实时检测数据对故障进行预警，动态调节检测周期以降低云系统的检测成本。利用决策树算法结合 SVM 算法，对数据进行判定，结合两者对云系统的异常程度进行计算。本书提出了一种混合策略动态调节检测周期策略，该策略采用可变时间周期来收集数据，并根据历史数据来预测下一个时间段可能出现报警情况的概率，并动态调节检测时间周期。

4. 雾环境下基于任务分配及容错机制的服务性能优化研究

雾计算技术是云计算技术的延伸，具有重要的应用价值和研究意义，其中，具体分析雾节点的状态、特征等以设计任务分配和容错方法，从而优化雾服务的性能非常重要。

（1）雾环境下服务性能优化的研究背景与意义

随着云计算的发展，云计算在分布式计算中起着日益重要的作用，但云服务面临着高延迟等不足，降低了云服务的性能。为此，思科（Cisco）公司在 2011 年提出了雾计算技术[105]，以降低即时服务延迟。雾计算一经提出，便引起了很多学者的广泛关注，逐渐成为目前服务计算和智能应用方向的研究热点[106-111]。

雾计算环境下的雾节点执行任务的主要步骤包括：目标雾节点集的选择；子任务与目标雾节点之间的配对；雾节点故障后选取合适的容错策略（即选取合适的雾节点）进行任务的再分配等。由于雾环境下雾节点的计算、存储和通信等能力有限，同时，分布式的异构运行环境使雾节点随时可能发生状态转移，雾节点的可靠性是随时变化的，因此在低成本的情况下，及时准确地寻找目标雾节点、为目标节点分配任务和选取代价低的容错策略以降低服务延迟和提高雾服务的可靠性非常重要。

一方面，雾节点不同于可以提供强大计算能力的大规模分布式的云基础设施，其计算、存储、通信等能力有限[111-112]；另一方面，由于雾计算的应用环境是开放、分布式的，同时物理设备的使用寿命都是有限的，因此，雾节点随时面临着出现故障造成失效等问题。如果雾节点失效，则可能产生如下隐患：数据丢失、服务质量降低造成高延迟、服务可靠性降低等[113]。因此，设计有效的任务分配方法和容错方法以优化雾服务的性能，是雾计算面临的重要研究问题[114-115]。

本书第 5 章主要针对优化雾服务的性能展开研究，以分析雾节点的状态、属性等为切入点研究雾环境下任务分配和容错的相关技术，目的是提高雾服务的可靠性，同时降低雾服务的延迟与成本。

（2）雾计算环境下任务分配方法研究现状

雾计算环境下的任务分配工作是优化雾服务性能的关键途径之一。通常情况下，单个雾节点无法完成一些复杂的任务[116-119]，如智能医疗[120]、虚拟现实（virtual reality，VR）/增强现实（augment reality，AR）、无人驾驶等[121]，往往需要多个雾节点配合以分担负载，进而更好地完成任务，如图1-4所示，包括代理服务器、雾节点和物联网（internet of things，IoT）设备。

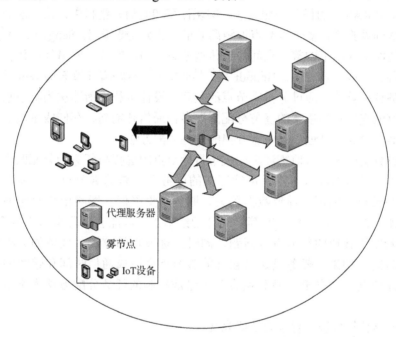

图1-4 雾计算环境下的任务分配图

雾层处于云和 IoT 之间，具有承上启下的枢纽作用，雾节点间的高效合作可以保证云雾系统的稳定运行。为了实现雾节点间低延迟、动态地共同处理任务，目标雾节点的选择和子任务与目标雾节点的配对十分必要[122]，研究现状分析如下：

1）选择目标节点。选择目标节点的方法有：①基于位置的节点选择[118,123]，该方法通过判断节点与任务的距离选择近的节点；②基于相似性的节点选择[122,124]，该方法通过计算节点与任务的相似性得出节点与任务的匹配程度；③基于预测的节点选择[111,116,125-126]，该方法通过节点的历史服务偏好进行判断。

以上基于位置的节点选择方法开销小，但无法保证节点的安全性，而基于相似性和预测的方法均存在计算难度大、存储开销高等不足。

2）任务分配。雾节点间任务的分工十分重要，需要考虑多方面的因素，包括低延迟、低成本和高收益。Li 等[116]结合雾计算环境提出一种基于区域密度的智能任务分配模型，该模型为了解决城市不同区域数据覆盖率不均衡的问题，根据不同区域的数据覆盖率高低为分布在不同区域的参与任务的节点分配相应的任务和奖励，以提高城市区域的数据覆盖率并降低数据收集的成本。该方法存在延迟高、实现难度较高等问题。Pang 等[118]提出一种基于雾无线接入网（fog-radio access network，F-RAN）的任务分配算法，实现计算和通信开销折中，该方法需要利用基站等基础设施联合多个雾节点近距离通信，以实现低延迟。Sengupta 等[127]提出一种无线网络环境下的雾节点间协作传输策略，通过雾节点间串行协作（即等量分配任务）完成内容分发。Beraldi 等[126]研究了一种跨雾计算云服务提供商的分布式任务分配算法，通过分析雾节点的负载，设计负载均衡算法为雾节点分配任务。现有的雾计算环境下的任务分配方法存在通信开销高、存储成本高等不足，为此，需要设计低延迟和低带宽开销的任务分配方法。

通过分析可知，目前雾环境中关于目标节点的选择与任务的分配两个方面的研究还不够具体与深入。对于可能存在的服务性能差的雾节点，如果直接选择使用这些节点，则可能导致数据丢失、服务质量降低、影响用户对服务的满意度。此外，如果任务随机地或等量地分配给节点，可能会出现雾节点内存不足、需要重新发给其他的雾节点等问题，同时，雾节点的位置、任务的大小也会影响传输时间，如果将任务发送给较远的雾节点会造成通信时间和带宽的浪费。针对上述问题，本书第 5 章将结合基于过滤机制的任务分配方法为雾节点分配任务。

（3）雾计算环境下容错方法研究现状

由于雾计算的应用环境是开放、分布式的，同时物理设备的使用寿命都是有限的，因此雾节点随时面临着出现故障造成失效等问题。如果雾节点失效可能产生如下隐患：①服务数据丢失；②服务延迟增加；③服务成本提高；④服务可靠性降低等。因此为优化雾服务的性能，基于雾节点选取合适的容错策略很有必要。

现有的容错策略主要分为两种：基于预处理的容错策略和基于故障发生后的容错策略[125]。本书第 5 章主要对第一种情况进行分析。基于预处理的容错策略即在系统内组件出现故障前通过预处理技术来降低故障对服务的影响。现有的基于预处理的容错策略主要分为以下两种：

1）备份技术[126-129]：通过对数据或进程等备份来优化服务的性能，即在故障发生前，通过对系统采取冗余技术来降低工作节点失效造成的不利影响。

2）故障预/监测技术[130-135]：通过分析系统内的组件属性、行为等来预测或监测工作节点故障的可能性，在故障发生之前采取数据迁移、监控等技术来降低工作节点失效对服务的不利影响。

上述两种基于预处理的容错策略对优化服务性能均有一定作用，但是，对于待处理的即时任务，由于雾节点往往比云节点简单，且存储、计算和通信能力比云节点弱，重要的数据和进程需要保存到云端，任务数据和进程的多次备份会造成存储空间和带宽资源的浪费，因此本书第 5 章不考虑基于备份技术的容错策略。另外，考虑到雾系统状态变迁的复杂性和可靠性的动态变化等问题，本书第 5 章研究的容错方法首先利用马尔可夫链（Markov chain）分析雾系统中雾节点出现故障的概率，然后计算不同的容错策略的代价，从而采取应对措施，达到降低服务延迟、成本和提高雾服务可靠性，进而优化雾服务性能的目的。

5. 分布式环境下服务推荐技术

（1）分布式环境下服务推荐技术的研究背景

SOA、SaaS、云计算等新的软件架构思想和运营理念[136]得到不断发展，使得服务成为互联网中重要的计算资源和软件资产。社会网络技术的快速发展，使得服务的开发和运行从传统的集中、封闭和静态环境变迁到开放、动态、多变的社会网络环境。在虚拟的社会网络环境中往往存在着不可信的用户节点，服务也可能存在不可用、不可控等信任风险。因此，如何获取满足用户个性化需求的可信服务日益成为当前研究和应用的重要研究内容之一。

（2）分布式环境下服务推荐技术的研究现状

推荐系统作为个性化服务研究领域的重要分支，可以通过挖掘用户与服务之间的二元关系向用户推荐满足其个性化需求的服务项目及 Web 信息、在线商品等[137]。在个性化推荐算法研究方面，主要研究方向有协同推荐、基于内容的推荐、聚类技术、关联规则等[138]。文献[139]提出了基于用户上下文信息与相似度计算的协作过滤推荐方法，Carrer-Neto 等[140]给出了基于知识的推荐系统，指出推荐系统中需要对用户需求引入语义技术，以提高推荐的质量；Tang 等[141]提出了基于位置感知的协同过滤方法，通过整合双方用户和服务的位置向用户推荐服务。在基于社会网络的可信推荐方面，相关研究有：Golbeck 等[142]提出了社会网络中一种基于平均信任值的信任推理机制，评估社会网络中两个不相邻的参与者之间的信任值；Liu 等[143]提出了一种启发式算法找出两个参与者之间值得信赖的社会信任路径；文献[144]研究了社会网络中上下文感知的信任问题；Yao 等[145]提出了一种基于声誉的方法来推荐可信服务；Zhong 等[146]研究了社会网络中基于个人托管的服务推荐方法；Jamali 等[147]提出了一种社会网络中基于内存的可信推荐方法；Massa 等[148]研究了基于协作过滤的可信服务推荐问题等。前人基于社会网络的服务推荐做了基础性研究工作，对本书的研究有一定启发，但基于社会网络的可信服务推荐复杂多变，不仅需要基于用户-服务的二元信任关系，而且需要根据对社会网络的动态监测及服务质量的变化，基于对社会网络节点—节点—服务三元信任关系，来推荐满足用户个性化需求的服务。我们结合社会网络节点信任度、服务信任度等多种影响因素，设计了满足用户个性化需求的可信服务推荐策略和算法。

1.1.2 研究意义

可信服务计算属于我国重大战略需求，对确定系统和软件运行的可信状态具有非常重要的作用。本书在已有成果的基础上，立足国家战略需求，瞄准国际发展前沿，针对分布式环境下可信服务计算面临的"服务信任计算难、服务质量保障难、服务需求匹配难"等挑战，对可信服务计算优化方法进行了大量探索研究。

1.2 研究内容与研究方法

1.2.1 云计算可信服务优化

云计算是继分布式计算、并行计算、网格计算之后的一种新的计算模式，已经成为学术界和工业界的关注焦点。由云计算技术架构可知，云计算环境下的管理中间件对云服务的功能和性能的影响起着至关重要的作用。研究云管理中间件的关键技术，主要包括任务调度、安全管理的综合防护（信任管理）等，主要研究内容如下：

1）提出了公有云环境下一种基于信任传递的信任计算模型。由于传统的信任计算需要较高的资源开销，影响了云系统的性能，因此提出了公有云环境下基于信任传递的信任计算模型，该模型通过对云环境进行域的划分，实现信任的按需计算，降低了信任计算的资源开销；同时结合即时信任与局部信任计算，获得全局信任。实验证明该信任模型可以实现低开销、有效的信任计算。

2）提出了公有云环境下一种基于任务分类的虚拟机调度方法。由于公有云环境中每个任务占用资源不同，针对任务临时、动态地创建与之匹配的虚拟机需要耗费很多时间，为减少时间耗费，提出了一种预先创建虚拟机的方法，当一个新任务到达时，将该任务分类匹配到已创建的、合适的虚拟机上。在此基础上，设计一种基于任务分类的虚拟机调度算法。实验表明，该方法可有效提高调度性能，实现云资源的合理利用。

3）提出了公有云环境下一种匿名信任评价模型。针对公有云环境下的合谋欺骗等信任问题，提出了一种基于匿名评价的信任模型，该模型将云用户的需求与云服务提供商进行动态匿名匹配，交易结束后用户对云服务提供商的服务进行匿名评价，同时采用优势策略博弈方法对云服务提供商和用户的合谋行为进行分析，实现了云环境下对云服务提供商信誉的可靠评价和从根源角度解决合谋欺骗的信任问题。实验结果表明，该模型能比较客观地反映云服务提供商的真实行为，可以很好地抵抗恶意攻击及合谋攻击。

1.2.2 云计算环境下服务资源分配与定价

云计算作为一种提供计算资源和服务的高效方式，近年来得到了迅速发展，受到越来越多的关注。在云环境中，云计算作为一种具有商业性质的计算模型，由云服务提供商直接向用户提供资源的使用，合理的资源分配和定价模型将促使用户获得高质量的服务，吸引更多的用户使用云计算，而且还能提高云服务提供商获得的利润，使得云中资源得到充分的利用。因此，如何制定一个科学有效的服务资源分配与定价模型，成为当前研究需要突破的重难点。针对上述问题，本书提出了云计算环境下服务资源的分配与定价模型，主要包括以下内容：

1）阐述了云计算环境下资源分配与定价的研究背景与意义，分析了当前国内外的研究现状，具体介绍了云计算环境下资源分配与定价研究的一些相关理论与知识。

2）提出了一种基于改进差分进化的资源分配策略：针对云资源分配中存在的负载不均衡、资源配置时间较长及如何使用户更满意等问题，基于多用户、多云服务提供商环境下的云服务资源，提出了一个资源优化分配框架，从时间与负载比两方面做出优化，设计了一种基于改进差分进化的资源优化分配策略，实现多任务批处理的资源优化分配，有效地提高了资源的利用效率。通过实验表明，本书中的方法能够较好地提高云资源的服务性能，让用户的需求得到更好的满足。

3）提出了一种基于帕累托最优的服务定价模型：在服务过程中，针对云计算环境下资源分配中的资源定价问题，综合考虑用户满意度和云服务提供商的利益，通过运用经济学中的博弈论帕累托最优理论，使用混合搜索算法使得用户满意度和云服务提供商的利益均能达到帕累托最优。实验表明，本书提出的模型能够动态地调整资源价格，更好地满足用户需求，另外，在时间、云服务提供商的收益等方面也比固定定价模式要好。

1.2.3　云计算环境下云服务故障检测

本书的研究主要针对云计算环境下云服务故障检测，从而提升云系统的可靠性，拓展其应用和发展，主要包括以下内容：

1）提出一种云计算环境下基于 Grid-SVM 的故障检测模型及其评估更新策略，利用相关检测数据能够了解云系统的运行状态，从而选取对应措施在云故障发生前及时找到处理方法。由于云系统结构复杂、动态变化，云故障检测面临着效率不高和精度低的问题。为提高云环境下云故障检测的效率和准确性，本书分析了基于 Grid-SVM 的故障检测模型，该模型根据相似性和主成分分析（principal component analysis，PCA）方法选取云系统的监控参数，以进行参数降维，并结合 GRID 网格对 SVM 的参数进行优化。基于该模型进行预测评估，以预测故障发生的概率。在故障发生后，将故障样本更新到故障样本库中，以提高样本空间大小，进而提高预测准确率。

2）建立了一种基于混合策略的故障检测的性能优化模型，该模型首先用决策树-SVM 求出故障发生的概率，判断故障概率的程度；其次计算故障概率程度并调节检测周期，从而达到检测周期的合理性，在提高故障检测的针对性的同时降低其代价。

1.2.4　雾环境下基于任务分配及容错机制的服务性能优化

雾计算技术是云计算技术的延伸，具有重要的应用价值和研究意义。其中，具体分析雾节点的状态、特征等以设计任务分配和容错方法，从而优化雾服务的性能非常重要。本书主要针对优化雾服务的性能展开研究，以分析雾节点的状态、属性等作为切入点研究雾环境下任务分配和容错的相关技术，目的是提高雾服务的可靠性，同时降低雾服务的延迟与成本。主要研究内容如下：

1）提出一种基于过滤机制的任务分配方法，以解决现有的雾环境下的任务分配方法存在的计算难度较大、存储开销高和安全性低等问题。首先分析代理服务器接收到的相关数据，获取雾节点的运行状态；然后采用结合标签的 Bloom Filter 机制，设计优化的目标雾节点选择算法，以获得满足任务需求的目标雾节点；最后提出基于最小延迟的任务分配算法为目标雾节点分配任务。

2）提出基于 Markov chain 的容错方法。当雾节点分配任务后，雾节点执行各自的任务，但是由于分布式异构运行环境使雾节点随时可能发生状态转移，雾节点的可靠性随时变化，因此需要分析任务分配后的雾服务调用可靠性，包括动态地分析雾节点的状态转移以选取容错策略。为此，提出基于 Markov chain 的容错方法，利用动态分布参数分析雾节点的实时可靠性，在此基础上基于连续时间 Markov chain 对雾节点的状态转移过程建模，利用 Chapman-Kolmogorov 方程分析该模型稳定状态的概率，并基于稳定概率选取代价值最低的容错策略。

1.2.5　分布式环境下服务推荐与预测

在当前服务计算背景下，针对难以获取满足用户个性化需求的可信 Web 服务问题，给出基于社会网络面向个性化需求的可信 Web 服务推荐模型；设计用户个性化功能需求分解与匹配算法，并利用 WordNet 提高功能需求语义匹配的准确性；基于服务的直接信任度、间接信任度，设计一种可信服务推荐算法，对社会网络节点信任度与服务直接信任度之间的相关性进行分析，提高服务协同推荐的性能；算法分析及仿真实验结果表明该方法是可行和有效的。

参 考 文 献

[1] NOWRIN I, KHANAM F. Importance of cloud deployment model and security issues of Software as a Service (SaaS) for cloud computing[C]//2019 International Conference on Applied Machine Learning, Bhubaneswar, India: IEEE, 2019: 183-186.

[2] 刘鹏. 云计算[M]. 2 版. 北京：电子工业出版社，2011.

[3] BANSAL S, HOTA C. Efficient refinery scheduling heuristic in heterogeneous computing systems[J]. Journal of Advances in Information Technology, 2011, 2(3): 159-164.

[4] WANG L, QU H, ZHAO J H. Virtual network embedding algorithm for load balance with various requests[J]. Chinese Journal of Electronics, 2014, 23(2): 382-387.

[5] WANG S G, LIU Z P, SUN Q B, et al. Towards an accurate evaluation of quality of cloud service in service-oriented cloud computing[J]. Journal of Intelligent Manufacturing, 2014, 25(2): 283-291.

[6] CHEN Y W, CHANG J M. EMaaS: Cloud-based energy management service for distributed renewable energy integration[J]. IEEE Transactions on Smart Grid, 2015, 6(6): 2816-2824.

[7] ADIL M, KHAN M K, JAMJOOM M, et al. MHADBOR: AI-enabled administrative distance based opportunistic load balancing scheme for an agriculture internet of things network[J]. IEEE Micro, 2022, 4(1): 41-50.

[8] NICOLAE B, CAPPELLO F. BlobCR: Virtual disk based checkpoint-restart for HPC applications on IaaS clouds[J]. Journal of Parallel and Distributed Computing, 2013, 73(5): 698-711.

[9] MONIKA, SINGH S, WASON A. Dynamic bandwidth allocation in GMPLS optical networks using minimum execution time technique[C]//2020 Indo-Taiwan 2nd International Conference on Computing, Analytics and Networks (Indo-Taiwan ICAN), Rajpura, India: IEEE, 2020: 306-310.

[10] LI B, NIU L, HUANG X, et al. Minimum completion time offloading algorithm for mobile edge computing[C]//2018 IEEE 4th International Conference on Computer and Communications, Chengdu, China: IEEE, 2018: 1929-1933.

[11] SANTHOSH B, MANJAIAH D H. A hybrid AvgTask-Min and Max-Min algorithm for scheduling tasks in cloud computing[C]//2015 International Conference on Control, Instrumentation, Communication and Computational Technologies, Kumaracoil, India: IEEE, 2015: 325-328.

[12] CHASE J S, ANDERSON D C, THAKAR P N, et al. Managing energy and server resources in hosting centers [J]. ACM SIGOPS Operating Systems Review, 2001, 35(5): 103-116.

[13] SI P B, ZHANG Q, YU F R, et al. QoS-aware dynamic resource management in heterogeneous mobile cloud computing networks[J]. China Communications, 2014, 11(5): 144-159.

[14] LIN J W, CHEN C H, LIN C Y. Integrating QoS awareness with virtualization in cloud computing systems for delay-sensitive applications[J]. Future Generation Computer Systems, 2014, 37: 478-487.

[15] KUMAR N, CHILAMKURTI N, ZEADALLY S, et al. Achieving Quality of Service (QoS) using resource allocation and adaptive scheduling in cloud computing with grid support[J]. Computer Journal, 2014, 57(2): 281-290.

[16] MARSH S P. Formalising trust as a computational concept[D]. Stirling: University of Stirling, 1994: 15-30.

[17] ABDUL-RAHMAN A, HAILES S. Supporting trust in virtual communities[C]//Proceedings of the 33rd Annual Hawaii International Conference on System Sciences, Maui, HI, USA: IEEE, 2000: 20-30.

[18] KAMVAR S D, SCHLOSSER M T, GARCIA-MOLINA H. Incentives for combatting freeriding on P2P networks[C]// European Conference on Parallel Processing, Berlin: Springer, 2003: 1273-1279.

[19] XIONG L, LIU L. PeerTrust: Supporting reputation-based trust for peer-to-peer electronic communities[J]. IEEE Transactions on Knowledge and Data Engineering, 2004, 16(7): 843-857.

[20] SANTOS N, GUMMADI K P, RODRIGUES R. Towards trusted cloud computing[C]// The 2009 Conference on Hot Topics in Cloud Computing, San Diego, CA, 2009: 3-3.

[21] BETH T, BORCHERDING M, KLEIN B. Valuation of trust in open network[C]//Proceedings of European Symposium on Research in Computer Security, Brighton, UK, 1994: 3-18.

[22] YAN K, CHENG Y, TAO F. A trust evaluation model towards cloud manufacturing[J]. International Journal of Advanced Manufacturing Technology, 2016, 84(1-4): 133-146.

[23] PARK S J, KIM H. Improving trusted cloud computing platform with hybrid security protocols[J]. Journal of Korean Institute of Information Technology, 2015, 13(5): 65-72.

[24] YANG K, JIA X H. An efficient and secure dynamic auditing protocol for data storage in cloud computing[J]. IEEE Transactions on Parallel and Distributed Systems, 2013, 24(9): 1717-1726.

[25] DOU W, WANG H M, JIA Y, et al. A recommendation-based peer-to-peer trust model[J]. Journal of Software, 2004, 15(4): 571-583.

[26] 唐文, 陈钟. 基于模糊集合理论的主观信任管理模型研究[J]. 软件学报, 2003, 14 (8): 1401-1408.

[27] CHEN H, WU H, XI Z, et al. Reputation-based trust in wireless sensor networks[C]//International Conference on Multimedia and Ubiquitous Engineering (MUE'07), Seoul, Korea, 2007: 603-607.

[28] 田春歧, 邹仕洪, 王文东, 等. 一种新的基于改进型 D-S 证据理论的 P2P 信任模型[J]. 电子与信息学报, 2008, 30 (6): 1480-1484.

[29] JAMEEL H, HUNG L X, KALIM U, et al. A trust model for ubiquitous systems based on vectors of trust values[C]// The 7th IEEE International Symposium on Multimedia, Irvine, CA, USA: IEEE, 2005: 674-679.

[30] HAN G, CHOI D, LIM W. A reliable approach of establishing trust for wireless sensor Networks[C]// 2007 IFIP International Conference on Network and Parallel Computing Workshops, Dalian, China, 2007: 232-237.

[31] 李慧子. 供需驱动视角下云服务混合定价策略研究[D]. 长沙: 湖南大学, 2018.

[32] YUAN H T, LIU H, BI J, et al. Revenue and energy cost-optimized biobjective task scheduling for green cloud data centers[J]. IEEE Transactions on Automation Science and Engineering, 2021, 18(2): 817-830.

[33] 李明楚，许雷，孙伟峰，等. 基于不完全信息博弈的网格资源分配模型[J]. 软件学报，2012，23（2）：428-438.

[34] WEI M, ZHANG C Y, QIU F, et al. Resources allocation method on cloud computing[C]// International Conference on Service Sciences, Wuxi, China: IEEE, 2015:199-201.

[35] 曹洁，曾国荪，匡桂娟，等. 支持随机服务请求的云虚拟机按需物理资源分配方法[J]. 软件学报，2017，28（2）：457-472.

[36] SHI X L, XU K. Utility maximization model of virtual machine scheduling in cloud environment[J]. Chinese Journal of Computers, 2013, 36(2): 252-262.

[37] ZAHEER F E, XIAO J, BOUTABA R. Multi-provider service negotiation and contracting in network virtualization[C]//Network Operations and Management Symposium, Osaka, Japan: IEEE, 2010: 471-478.

[38] WANG X W, WANG X Y, HUANG M. A resource allocation model based on double auction under cloud computing environment[J]. Journal of Chinese Computer Systems, 2013, 34(2): 309-316.

[39] LAN Y W, TONG W Q, LIU Z H, et al. Multi-unit continuous double auction based resource allocation method[C]//The Third International Conference on Intelligent Control and Information Processing, Dalian, China: IEEE, 2012: 773-777.

[40] WEI G Y, VASILAKOS A V, ZHENG Y, et al. A game-theoretic method of fair resource allocation for cloud computing services[J]. Journal of Supercomputing, 2010, 54(2): 252-269.

[41] SALMAN O, AWAD M, SAAB F, et al. A game-theoretic approach to resource allocation in the cloud[C]//International Multidisciplinary Conference on Engineering Technology, Beirut, Lebanon: IEEE, 2016: 132-137.

[42] DENG W, LIU F M, JIN H, et al. Leveraging renewable energy in cloud computing datacenters: State of the art and future research[J]. Chinese Journal of Computers, 2013, 36(3): 582-598.

[43] JAVADI B, THULASIRAMY R K, BUYYA R. Statistical modeling of spot instance prices in public cloud environments[C]//Fourth IEEE International Conference on Utility and Cloud Computing. Melbourne, VIC, Australia: IEEE Computer Society, 2011: 219-228.

[44] TSAKALOZOS K, KLLAPI H, SITARIDI E, et al. Flexible use of cloud resources through profit maximization and price discrimination[C]//International Conference on Data Engineering, Hannover, Germany: IEEE, 2011: 75-86.

[45] HENZINGER T A, SINGH A V, SINGH V, et al. Flexprice: Flexible provisioning of resources in a cloud environment[C]//2010 IEEE 3rd International Conference on Cloud Computing, Miami, FL, USA: IEEE, 2010: 83-90.

[46] SINGH V K, DUTTA K. Dynamic price prediction for amazon spot instances[C]//48th Hawaii International Conference on System Sciences, Kauai, HI, USA: IEEE Computer Society, 2015: 1513-1520.

[47] SON S, SIM K M. A price- and-time-slot-negotiation mechanism for cloud service reservations[J]. IEEE Transactions on Systems, Man, and Cybernetics, Part B, 2012, 42(3): 713-728.

[48] JAVADI, B, Characterizing spot price dynamics in public cloud environments[J]. Future Generation Computer Systems, 2013, 29(4): 988-999.

[49] MASTROENI L, MALDI M, et al. Pricing of insurance policies against cloud storage price rises[J]. ACM Sigmetrics Performance Evaluation Review, 2012, 40(2): 42-45.

[50] CIABATTONI L, FERRACUTI F, IPPOLITI G, et al. Artificial bee colonies based optimal sizing of microgrid components: A profit maximization approach[C]//2016 IEEE Congress on Evolutionary Computation, Vancouver, BC, Canada: IEEE, 2016: 2036-2042.

[51] ZHENG M, CAO J, YAO Y. Cloud workflow scheduling algorithm oriented to dynamic price changes[J]. Computer Integrated Manufacturing Systems, 2013, 19(8): 1849-1858.

[52] WEINMAN J. Cloud pricing and markets[J]. IEEE Cloud Computing, 2015, 2(1): 10-13.

[53] ZHOU A, WANG S G, Sun Q B, et al. Dynamic virtual resource renting method for maximizing the profits of a cloud service provider in a dynamic pricing model[C]//The 2013 International Conference on Parallel and Distributed Systems, Hsinchu, Taiwan: IEEE, 2013: 118-125.

[54] XU H, LI B C. Dynamic cloud pricing for revenue maximization[J]. IEEE Transactions on Cloud Computing, 2013, 1(2): 158-171.

[55] XIA Y H, HONG H S, LIN G F, et al. A secure and efficient cloud resource allocation scheme with trust evaluation mechanism based on combinatorial double auction[J]. KSII Transactions on Internet and Information Systems, 2017, 11(9): 4197-4219.

[56] WANG X W, SUN J J, LI H X, et al. A reverse auction based allocation mechanism in the cloud computing environment[J]. Applied Mathematics & Information Sciences, 2013, 7(1): 75-84.

[57] ZAMAN S, GROSU D. A combinatorial auction-based mechanism for dynamic vm provisioning and allocation in clouds[J]. IEEE Transactions on Cloud Computing, 2013, 1(2): 129-141.

[58] NIYATO D, VASILAKOS A V, KUN Z. Resource and revenue sharing with coalition formation of cloud providers: game theoretic approach[C]//2011 11th IEEE/ACM International Symposium on Cluster, Cloud and Grid Computing, Newport Beach, CA, USA: IEEE Computer Society, 2011: 215-224.

[59] DEAN J. Keynote talk: Experiences with MapReduce, an abstraction for large-scale computation[C]//The PACT 2006. Seattle, USA: ACM Press, 2006, 20: 16-20.

[60] CHEN M Y, ACCARDI A, KICIMAN E, et al. Path-based failure and evolution management[C]//The 1st Symposium on Networked Systems Design and Implementation, San Francisco, California, USA, 2004: 309-322.

[61] OPPENHEIMER D, GANAPATHI A, PATTERSON D A. Patterson. Why do internet services fail, and what can be done about it?[C]//The 4th conference on USENIX Symposium on Internet Technologies and Systems, Seattle, USA, 2003: 1-16.

[62] AREFIN A, SINGH V K, JIANG G F, et al. Diagnosing data center behavior flow by flow[C]//The IEEE 33rd International Conference on Distributed Computing Systems, Philadelphia, USA, 2013: 11-20.

[63] CHEN H F, JIANG G F, YOSHIHIRA K, et al. Invariants based failure diagnosis in distributed computing systems[C]//The 29th IEEE Symposium on Reliable Distributed Systems, New Delhi, India, 2010, 20(3): 160-166.

[64] KICIMAN E, FOX A. Detecting application-level failures in component-based Internet services[J]. IEEE Transactions on Neural Networks, 2005, 16(5): 1027-1041.

[65] STEHLE E, LYNCH K, SHEVERTALOV M, et al. On the use of computational geometry to detect software faults at runtime[C]//The 7th International Conference on Autonomic Computing, Washington, USA, 2010: 109-118.

[66] JIANG M, MUNAWAR M A, REIDEMEISTER T, et al. Efficient fault detection and diagnosis in complex software systems with information-theoretic monitoring[J]. IEEE Transactions on Dependable and Secure Computing, 2011, 8(4): 510-522.

[67] WANG T, ZHANG W B, WEI J, et al. Workload-aware online anomaly detection in enterprise applications with local outlier factor[C]//The IEEE 36th Annual Computer Software and Applications Conference, Izmir, Turkey, 2012: 25-34.

[68] MUNAWAR M A, WARD P. Leveraging many simple statistical models to adaptively monitor software systems[C]//The 5th International Symposium on Parallel and Distributed Processing and Applications, Niagara Falls, Canada, 2007: 457-470.

[69] KANG H, CHEN H F, JIANG G F. PeerWatch: a fault detection and diagnosis tool for virtualized consolidation systems[C]//The 7th International Conference on Autonomic Computing, Washington, USA, 2010: 119-128.

[70] GUO Z, JIANG G F, CHEN H F, et al. Tracking probabilistic correlation of monitoring data for fault detection in complex systems[C]//The International Conference on Dependable Systems and Networks, Pittsburgh, USA, 2006: 259-268.

[71] COHEN I, GOLDSZMIDT M, KELY T, et al. Correlating instrumentation data to system states: A building block for automated diagnosis and control[C]//The 6th Symposium on Operating Systems Design and Implementation, San Francisco, USA, 2004, 6: 16-29.

[72] ZHANG S, COHEN I, GOLDSZMIDT M, et al. Ensembles of models for automated diagnosis of system performance problems[C]// The International Conference on Dependable Systems and Networks. Yokohama, Japan, 2005, 42: 644-653.

[73] BODIK P, FRIEDMAN G, BIEWALD L, et al. Combining visualization and statistical analysis to improve operator confidence and efficiency for failure detection and localization[C]//The 2nd International Conference on Autonomic Computing, Seattle, USA, 2005: 89-100.

[74] PREWETT J E. Analyzing cluster log files using logsurfer[C]//The Annual Conference on Linux Clusters, San Francisco, USA, 2003: 169-176.

[75] HANSEN S E, ATKINS E T. Automated system monitoring and notification with Swatch[C]//The 7th Conference on System Administration, Monterey, USA, 1993: 145-155.

[76] XU W, HUANG L, FOX A, et al. Detecting large-scale system problems by mining console logs[C]// Proceedings of the ACM SIGOPS 22nd symposium on operating systems principles, 2009: 117-132.

[77] HUEBSCHER M C, MCCANN J A. A survey of autonomic computing - degrees, models, and applications[J]. ACM Computing Surveys, 2008, 40(3): 1-28.

[78] WANG H X, LIU C, JIANG D X, et al. Collaborative deep learning framework for fault diagnosis in distributed complex systems[J]. Mechanical Systems and Signal Processing, 2021, 156: 107650.

[79] MUNAWAR M A, WARD P A S. A comparative study of pairwise regression techniques for problem determination[C]// The Conference of the Center for Advanced Studies on Collaborative Research. Toronto, Canada, 2007: 152-166.

[80] WANG T, WEI J, ZHANG W B, et al. Workload-aware anomaly detection for web applications[J]. Journal of Systems and Software, 2014, 89(1): 19-32.

[81] 齐莉. 云计算背景下分布式软件系统故障检测技术研究[J]. 电子制作, 2021 (18): 88-90.

[82] TRIVEDI K, CIARDO G, DASARATHY B, et al. Achieving and assuring high availability[C]//IEEE International Symposium on Parallel and Distributed Processing. Miami, FL, USA, 2008: 1-7.

[83] LIU Q, ZHANG F, LIU M, et al. A fault prediction method based on modified Genetic Algorithm using BP neural network algorithm[C]//IEEE International Conference on Systems, Man, and Cybernetics (SMC). Budapest, Hungary: IEEE, 2016: 9-12.

[84] WANG Y Z, LI Z H, WU C H, et al. A survey of online fault diagnosis for PV module based on BP neural network[J]. Power System Technology, 2013, 37(8): 2094-2100.

[85] YAN S, LIU Y J, GUAN F J. The application of BP neural network algorithm in optical fiber fault diagnosis[C]//International Symposium on Distributed Computing and Applications for Business Engineering and Science. Guiyang, China, 2015: 509-512.

[86] MALIK H, MISHRA S. Application of probabilistic neural network in fault diagnosis of wind turbine using FAST, TurbSim and Simulink[J]. Procedia Computer Science, 2015, 58: 186-193.

[87] LI P H, ZHANG S X, LUO D X, et al. Fault diagnosis of analog circuit using spectrogram and LVQ neural network[C]//the 27th Chinese Control and Decision Conference, Qingdao, China: IEEE, 2015: 2673-2678.

[88] ZHENG Y, YE X L, WU T. Using an optimized Learning Vector Quantization- (LVQ-) based neural network in

accounting fraud recognition[J]. Computational Intelligence and Neuroscience, 2021, 2021(5): 1-10.

[89] LIN H J, ZHU L L, MEHRABANKHOMARTASH M, et al. A simplified SVM-based fault-tolerant strategy for cascaded H-bridge multilevel converters[J]. IEEE Transactions on Power Electronics, 2020, 35(11): 11310-11315.

[90] TAMURA Y, NOBUKAWA Y, YAMADA S. A method of reliability assessment based on neural network and fault data clustering for cloud with big data[C]//2015 2nd International Conference on Information Science and Security, Seoul, Korea: IEEE, 2015: 1-4.

[91] BASSIUNY A M, LI X Y, DU R. Fault diagnosis of stamping process based on empirical mode decomposition and learning vector quantization[J]. International Journal of Machine Tools and Manufacture, 2007, 47(15): 2298-2306.

[92] ZHEN Z, WANG F, SUN Y J, et al. SVM based cloud classification model using total sky images for PV power forecasting[C]//IEEE Power and Energy Society Innovative Smart Grid Technologies Conference, Washington, DC, USA: IEEE, 2015: 1-5.

[93] LEE J S, LEE K B. An open-switch fault detection method and tolerance controls based on SVM in a grid-connected T-type rectifier with unity power factor[J]. IEEE Transactions on Industrial Electronics, 2014, 61(12): 7092-7104.

[94] TUTKUN N. Minimization of operational cost for an off-grid renewable hybrid system to generate electricity in residential buildings through the SVM and the BCGA methods[J]. Energy and Buildings, 2014, 76(12): 470-475.

[95] ANITHA P, KAARTHICK B. Oppositional based Laplacian grey wolf optimization algorithm with SVM for data mining in intrusion detection system[J]. Journal of Ambient Intelligence and Humanized Computing, 2021, 12(3): 3589-3600.

[96] LAN Z L, ZHENG Z M, LI Y W. Toward automated anomaly identification in large-scale systems[J]. IEEE Transactions on Parallel and Distributed Systems, 2010, 21(2): 174-187.

[97] RAHULAMATHAVAN Y, PHAN R C W, VELURU S, et al. Privacy-preserving multi-class support vector machine for outsourcing the data classification in cloud[J]. IEEE Transactions on Dependable and Secure Computing, 2014, 11(5): 467-479.

[98] TONG D, QU Y K, PRASANNA V K. Accelerating decision tree based traffic classification on FPGA and multicore platforms[J]. IEEE Transactions on Parallel and Distributed Systems, 2017, 28(11): 3046-3059.

[99] XU H, WANG W J, QIAN Y H. Fusing Complete monotonic decision trees[J]. IEEE Transactions on Knowledge and Data Engineering, 2017, 29(10): 2223-2235.

[100] ZHANG Z F, SONG Y, CUI H C, et al. Topological analysis and Gaussian decision tree: Effective representation and classification of biosignals of small sample size[J]. IEEE Transactions on Biomedical Engineering, 2017, 64(9): 2288-2299 .

[101] KOOCHI M H R, ESMAEILI S, FADAEINEDJAD R. New phasor-based approach for online and fast prediction of generators grouping using decision tree[J]. IET Generation, Transmission and Distribution, 2017, 11(6): 1566-1574.

[102] CHANDRAN C S, KAMAL S, MUJEEB A, et al. Novel class detection of underwater targets using Self-Organizing neural networks[C]//Underwater Technology, Chennai, India: IEEE, 2015: 1-5.

[103] LAVANYADEVI R, MACHAKOWSALYA M, NIVETHITHA J, et al. Brain tumor classification and segmentation in MRI images using PNN[C]//2017 IEEE International Conference on Electrical, Instrumentation and Communication Engineering (ICEICE), Karur, India, 2017: 1-6.

[104] NAGIOS. What can Nagios help you do? [EB/OL]. (2002-05-29)[2022-06-23]. http://www.nagios.org.

[105] ALRAWAIS A, ALHOTHAILY A, HU C Q, et al. Fog computing for the internet of things: Security and privacy issues[J]. IEEE Internet Computing, 2017, 21(2): 34-42.

[106] WANG N, VARGHESE B, MATTHAIOU M, et al. Enorm: A framework for edge node resource management[J]. IEEE Transactions on Services Computing, 2020, 13(6): 1086-1099.

[107] LI J, NATALINO C, VAN D P, et al. Resource management in fog-enhanced radio access network to support

real-time vehicular services[C]//IEEE 1st International Conference on Fog and Edge Computing, Madrid, Spain: IEEE, 2017: 68-74.

[108] OSANAIYE O, CHEN S, YAN Z, et al. From cloud to fog computing: A review and a conceptual live VM migration framework[J]. IEEE Access, 2017, 5: 8284-8300.

[109] SHIRAZI S N, GOUGLIDIS A, FARSHAD A, et al. The extended cloud: Review and analysis of mobile edge computing and fog from a security and resilience perspective[J]. IEEE Journal on Selected Areas in Communications, 2017, 35(11): 2586-2595.

[110] ROSHAN R, MATAM R, MUKHERJEE M, et al. A secure task-offloading framework for cooperative fog computing environment[C]//2020 IEEE Global Communications Conference, Taipei, Taiwan, 2020: 1-6.

[111] LIU J, BAI B, ZHANG J, et al. Cache placement in Fog-RANs: From centralized to distributed algorithms[J]. IEEE Transactions on Wireless Communications, 2017, 16(11): 7039-7051.

[112] BITTENCOURT L F, DIAZ-MONTES J, BUYYA R, et al. Mobility-aware application scheduling in fog computing[J]. IEEE Cloud Computing, 2017, 4(2): 26-35.

[113] 周悦芝, 张迪. 近端云计算: 后云计算时代的机遇与挑战[J]. 计算机学报, 2019, 42 (4): 677-700.

[114] WU C, ZHANG Y X, ZHANG L, et al. Butterfly: Mobile collaborative rendering over GPU workload migration[C]//IEEE Conference on Computer Communications, Atlanta, GA, USA: IEEE, 2017: 1-9.

[115] LIN C C, YANG J W. Cost-efficient deployment of fog computing systems at logistics centers in industry 4.0[J]. IEEE Transactions on Industrial Informatics, 2018, 14(10): 4603-4611.

[116] LI T, LIU Y, GAO L, et al. A cooperative-based model for smart-sensing tasks in fog computing[J]. IEEE Access, 2017, 5: 21296-21311.

[117] XIAO Y, KRUNZ M. QoE and power efficiency tradeoff for fog computing networks with fog node cooperation[C]//IEEE INFOCOM 2017-IEEE Conference on Computer Communications, Atlanta, GA, USA: IEEE, 2017: 1-9.

[118] PANG A C, CHUNG W H, CHIU T C, et al. Latency-driven cooperative task computing in multi-user fog-radio access networks[C]//2017 IEEE 37th International Conference on Distributed Computing Systems. Atlanta, GA, USA: IEEE, 2017: 615-624.

[119] TANG B, CHEN Z, HEFFERMAN G, et al. Incorporating intelligence in fog computing for big data analysis in smart cities[J]. IEEE Transactions on Industrial Informatics, 2017, 13(5): 2140-2150.

[120] RAHMANI A M, GIA T N, NEGASH B, et al. Exploiting smart e-Health gateways at the edge of healthcare Internet-of-Things: A fog computing approach[J]. Future Generation Computer Systems, 2017, 78(2): 641-658.

[121] 曾建电, 王田, 贾维嘉, 等. 传感云研究综述[J]. 计算机研究与发展, 2017, 54 (5): 925-939.

[122] 邓晓衡, 关培源, 万志文, 等. 基于综合信任的边缘计算资源协同研究[J]. 计算机研究与发展, 2018, 55 (3): 449-477.

[123] ALI M, RIAZ N, ASHRAF M I, et al. Joint cloudlet selection and latency minimization in fog networks[J]. IEEE Transactions on Industrial Informatics, 2018, 14(9): 4055-4063.

[124] CHANG Z, WANG Z Y, GUO X J, et al. Energy efficient resource allocation for wireless power transfer enabled massive MIMO system[C]//2016 IEEE Global Communications Conference.Washington, DC, USA: IEEE 2016: 2407-2413.

[125] ZENG D, GU L, GUO S, et al. Joint optimization of task scheduling and image placement in fog computing supported software-defined embedded system[J]. IEEE Transactions on Computers, 2016, 65(12): 3702-3712.

[126] BERALDI R, ALNUWEIRI H, MTIBAA A. A power-of-two choices based algorithm for fog computing[J]. IEEE Transactions on Cloud Computing, 2020, 8(3): 698-709.

[127] SENGUPTA A, TANDON R, SIMEONE O. Fog-aided wireless networks for content delivery: Fundamental latency tradeoffs[J]. IEEE Transactions on Information Theory, 2017, 63(10): 6650-6678.

[128] CULLY B, LEFEBVRE G, MEYER D, et al. Remus: High availability via asynchronous virtual machine replication[C]//The 5th USENIX Symposium. on Networked Systems Design and Implementation, USENIX Association, San Francisco, CA, USA, 2008: 164-174.

[129] SCALES D J, NELSON M, VENKITACHALAM G. The design of a practical system for fault-tolerant virtual machines[J]. ACM SIGOPS Operating Systems Review, 2010, 44(4): 30-39.

[130] LIU J L, WANG S G, ZHOU A, et al. Using proactive fault-tolerance approach to enhance cloud service reliability[J]. IEEE Transactions on Cloud Computing, 2018, 6(4): 1191-1202.

[131] ZHENG Z B, ZHOU T C, LYU M R, et al. Component ranking for fault-tolerant cloud applications[J]. IEEE Transactions on Services Computing, 2012, 5(4): 540-550.

[132] 谢逸, 余顺争. 基于 Web 用户浏览行为的统计异常检测[J]. 软件学报, 2007, 18（4）：967-977.

[133] 于博文, 蒲凌君, 谢玉婷, 等. 移动边缘计算任务卸载和基站关联协同决策问题研究[J]. 计算机研究与发展, 2018，55(3)：537-550.

[134] DONG M, LI H, OTA K, et al. Multicloud-based evacuation services for emergency management[J]. IEEE Cloud Computing, 2014, 1(4): 50-59.

[135] 王焘, 顾泽宇, 张文博, 等. 一种基于自适应监测的云计算系统故障检测方法[J]. 计算机学报, 2018, 41（6）：1332-1345.

[136] 韩燕波, 陈俊亮, 王千祥. 《云计算和服务计算》专辑前言[J]. 计算机学报, 2011, 34（12）：2251-2252.

[137] 张玉洁, 董政, 孟祥武. 个性化广告推荐系统及其应用研究[J]. 计算机学报, 2021, 44（3）：531-563.

[138] 刘晓飞, 朱斐, 伏玉琛, 等. 基于用户偏好特征挖掘的个性化推荐算法[J]. 计算机科学, 2020, 47（4）：50-53.

[139] BOBADILLA J, ORTEGA F, HERNANDO A. A collaborative filtering similarity measure based on singularities[J]. Information Processing and Management, 2012, 48(2):204-217.

[140] CARRER-NETO W, HERNÁNDEZ-ALCARAI M L, VALENCIA-GARCÍA R, et al. Social knowledge-based recommender system. Application to the movies domain[J]. Expert Systems with Applications, 2012, 39(12): 10990-11000.

[141] TANG M D, JIANG Y C, LIU J X, et al. Location-aware collaborative filtering for QoS-based service recommendation[C]//2012 IEEE 19th International Conference on Web Services (ICWS). Washington, DC, USA: IEEE Computer Society, 2012: 202-209.

[142] GOLBECK J, HENDLER J. Inferring binary trust relationships in Web-based social networks[J]. ACM Transactions on Internet Technology, 2006, 6(4): 497-529.

[143] LIU G, WANG Y, ORGUN M A, et al. Discovering trust networks for the selection of trustworthy service providers in complex contextual social networks[C]//IEEE 19th International Conference on Web Services (ICWS). Washington, DC, USA: IEEE Computer Society, 2012: 384-391.

[144] LIU G, WANG Y, ORGUN M A, et al. Finding k optimal social trust paths for the selection of trustworthy service providers in complex social networks[C]//IEEE 18th International Conference on Web Services (ICWS). Washington, DC, USA: IEEE Computer Society, 2011: 41-48.

[145] YAO J H, TAN W, NEPAL S, et al. Reputationnet: A reputation engine to enhance servicemap by recommending trusted services[C]//IEEE Ninth International Conference on Services Computing (SCC). Washington, DC, USA: IEEE Computer Society, 2012: 454-461.

[146] ZHONG Y, ZHAO W, YANG J. Personal-hosting restful web services for social network based recommendation[C]//The 9th International Conference on Service-Oriented Computing (ICSOC), Cyprus, 2011: 661-668.

[147] JAMALI M, ESTER M. A matrix factorization technique with trust propagation for recommendation in social networks[C]//The 4th ACM Conference on Recommender Systems, Barcelona, Spain: ACM, 2010: 135-142.

[148] MASSA P, AVESANI P. Trust-aware recommender systems [C]//The 2007 ACM Conference on Recommender Systems, Minneapolis, Minnesota, USA: ACM, 2007: 17-24.

第 2 章

云计算可信服务优化方法

基于域划分的云服务节点信任计算模型与方法

因为传统的信任计算需要较高的资源开销，影响了云系统的性能，所以提出了公有云环境下基于信任传递的信任计算模型。该模型通过对云环境进行域的划分，可实现信任的按需计算，降低信任计算的资源开销；同时结合即时信任与局部信任计算，还可获得全局信任。

2.1.1 云服务信任传递模型

邵堃等[1]给出了客观信任的定义。

客观性：信任评估主体 A 与信任客体 B_i（$i=1,2,\cdots,n$）进行若干次交易，B_i 对交易的评价为 t_{AB_i}，评价次数为 k，客观信任度 re 为

$$\text{re} = \lim_{k \to \infty} t_{AB_{ik}} \tag{2-1}$$

当 k 趋于无穷时，极限收敛于一个实数 re，此时 re 具有较高的可靠性。

传递性：对于信任主体 A、B、C，若满足 $A \xrightarrow{\text{trust}} B$，$B \xrightarrow{\text{trust}} C$，则 $A \xrightarrow{\text{trust}} C$，则信任关系满足传递性。

基于可靠第三方信任证书颁发机构（trust certificate authority，TCA）可以实现信任传递，而信任传递是计算局部信任和全局信任的基础。

传统的信任具有较强的主观性，表达信任主体根据自身的经验对客体的信任程度。传统的信任计算分为直接信任与推荐信任；对于信任主体 A、B、C，A、B 和 B、C 之间的信任为直接信任，A 通过 B 产生对 C 的信任为推荐信任，该信任计算存在较高的不稳定性。传统信任具有欺骗性：在交易过程中，存在恶意评价交易结果，使得信誉较好的评估主体信誉迅速下降；同理，也存在恶意伪造交易结果，使得信誉一般的评估主体信誉迅速上升。可见传统的信任已经不太适合公

有云环境，需要设计一种新的信任机制。

在公有云环境下建立公信机制可以使信任具有传递性，有效提高云环境的可靠性与安全性。公有云环境下 TCA 可以提供安全可靠的、具有普适性的信任计算环境。云环境下每一个虚拟机节点在进行信任计算时需要大量的交易数据，而 TCA 可以记录节点的每一次交易评价，并进行信任评估。

2.1.2 信任计算模型

本节提出了一种新的信任计算模型，如图 2-1 所示，将信任计算分为局部信任和全局信任，若采用传统的迭代方法计算局部信任，则面临效率低、资源开销大等问题，因此，本节采用按需更新策略，以减少信任计算的开销。

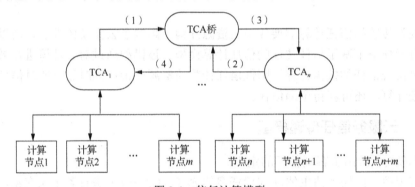

图 2-1　信任计算模型

图 2-1 中存在两种 TCA：①域 TCA，实现域内信任的存储与管理，如图 2-1 中的 $TCA_1 \sim TCA_n$；②TCA 桥，连接域 TCA、存储和管理域外信任。

在图 2-1 中，域 TCA 与 TCA 桥的交互过程大致如下：

1）将 TCA_1 存储的局部信任传递给 TCA 桥。

2）将域外的信任请求传递给 TCA_1，并查询返回值是否满足要求。

3）申请与域外的节点发生交易，传递节点信息及自身信任要求。

4）返回信任判断结果。

1. 即时信任计算

信任计算依赖于历史交易并随着时间动态变化，一般情况下最新的交易评价的重要性要高于旧的交易评价。在局部信任与全局信任的计算过程中，考虑到云环境下信任计算的复杂性，本节采用滑动窗口 W 来对最新的交易评价进行计算与更新。根据不同的信任计算需求设置滑窗的大小，从而降低信任计算的开销。滑动窗口如图 2-2 所示。

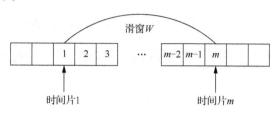

图 2-2　滑动窗口

如图 2-2 所示，每一个滑窗记录了某个云服务提供商最近的 m 次交易，从左到右每一个时间片用来记录最近交易的评价，给第 i 个时间片赋予不同的权重因子 β_i：

$$\beta_i = 1 - (m - i)\lambda \tag{2-2}$$

在式（2-2）中，λ 为一个时间片的影响因子（若设置 20 个时间片，则 $\lambda=0.05$）。以节点 B 为例，基于滑动窗口的即时信任记为 W_B，有

$$W_B = \sum_{i=1}^{m} \beta_i \times k_i \tag{2-3}$$

式中，k_i 为滑动窗口中第 i 次的交易评价。

2. 局部信任计算

假定节点 A 和 B 属于同一个域，节点 A 希望获取节点 B 的信任，则节点 B 的局部信任计算过程如下：

1）根据信任区域内节点的交易频率划分域，划分过程中对交易频率较低的节点进行过滤。

2）根据域内信任客体的信任值，过滤信任值较低的节点及恶意节点的评价。若节点 A 自身的信任值为 r，且 $r \in [t_r - \varepsilon, t_r + \varepsilon]$（$t_r$ 为可接受的信任值，ε 为一个取值范围），则将接受节点 A 做出的评价；否则，不接受其做出的评价。

3）若是首次交易，则域内满足步骤 2）的其他节点对节点 B 进行评价，计算出节点 B 的信任值，存储在域 TCA 中。若不是首次交易，则节点 A 可直接向 TCA 节点提出申请获得节点 B 的信任值并校验最近更新时间 T_m。

若 $T_m > T_L$，则将获得的信任值作为本次计算的信任值；其中 T_L 为节点 A 要求计算信任值的最迟时间点。否则，申请更新节点 B 的信任值，具体计算步骤同步骤 2）。

当需要计算局部信任，首次获取节点 B 的信任时，节点 A 向其所在域中广播一条查询信息获取 B 的推荐信任，以及对应推荐者的自身信任值。假设 A 所在域中存在 n 个邻居节点，需要考虑每个邻居推荐信任的权重，本节将邻居自身信任作为权重影响因子，推荐节点 c_j（自身信任值为 T_{cj}）对 B 的推荐信任为 ε_j。

上述过程中涉及的局部信任（记为 $D_{f(B)}$）结合了即时信任，即

$$D_{f(B)} = (1-\beta)[(1-\alpha)\sum_{j=1}^{n}T_{cj}\times\varepsilon_j + \alpha T_{AB}] + \beta W_B' \tag{2-4}$$

式中，α 为直接信任权重因子；β 为即时信任的权重因子；W_B' 为基于滑动窗口计算得到的即时信任。

3. 全局信任计算

以分属于两个不同域内的节点 A 和节点 B 为例，并且以节点 A 需要获取节点 B 的全局信任值为例，全局信任的计算过程如下：

1）当节点 A 与节点 B 进行交易时，通过向 TCA 桥提出申请获得节点 B 的信任值并校验最近更新时间 T_m：

若 $T_m > T_L$，则将获得的信任值作为本次计算的信任值，其中 T_L 为节点 B 要求的最迟时间点；否则，申请更新节点 B 的信任值。

计算过程如下：

① TCA 桥将节点 A 的 T_L 和节点 B 的信息传递给节点 B 所在的域 TCA，计算结束后作为域内信任值 $D_{f(B)}$：对本地 TCA 进行时间校验，若 $T_m > T_L$，则将获得的信任值作为本次计算的信任值；否则，申请更新节点 B 的域内信任值。

② 交易结束后，节点 A 将对节点 B 的交易评价提交给 TCA 桥，TCA 桥校验节点 B 的信任值：若节点 A 的 $r \in [t_r - \varepsilon, t_r + \varepsilon]$，则将接受节点 A 做出的评价；否则，不接受该节点做出的评价。

③ 在 TCA 桥中，设置滑动窗口，计算节点 B 最近的若干次交易，滑动窗口的大小取决于服务的信任需求并通过滑动窗口计算节点 B 的即时信任。

2）TCA 桥更新节点 B 的全局信任值和更新时间。

基于社会学有关信任的研究结果，在同一个域中，两个节点间的交易较为频繁，此时局部信任很接近全局信任。考虑云计算环境下信任计算的复杂性，在同一个域中的信任计算使用局部信任代替全局信任，即

$$G_{AB} = D_{f(B)} \tag{2-5}$$

当 A 与 B 不属于同一个域且两个节点间的交易较少时，通过综合考虑域内的信任与全局滑动窗口实现综合信任的计算，有

$$G_{AB} = \gamma D_{f(B)} + (1-\gamma)W_B \tag{2-6}$$

式中，γ 为局部信任的权重因子。

上述计算实现了按需计算,按需计算是指根据服务信任需求进行合理的更新。首先将信任计算的核心放置在交易频率较多的同一个域内,减少因为交易较少而做出的不客观评价。其次,过滤信任值较低的节点评价,减少由客体自身的某些原因而造成的错误评价。该模型有效地过滤了不正确的推荐信任,保证了信任的有效性与可用性。

2.1.3 实验结果分析

仿真实验基于 PeerSim 仿真平台和 MATLAB 2017a,在仿真云环境下布置 1000 个节点,其中掺入若干个恶意节点。其中,每个节点只属于一个域,域内任意两个节点间的交易次数不少于 2 次,每个节点与域外其他节点交易次数不多于 2 次。实验将 1000 个节点分为 5 个域。普通节点间互相发送数据,节点数据转发率在[0.9,1.0]内随机取值,模拟非恶意攻击。恶意节点的交易成功率设置为[0,0.2]内的随机数,模拟云环境下的恶意攻击,并且设置了 10%的低信任需求任务(信任要求可以为最近 5min 之内的信任)。实验对比 EigenTrust[2]与 BFM[3]信任模型,从检测出恶意攻击的效率、恶意攻击误检率、信任度随周期递增的稳定性等方面进行比较。

为了准确评价云计算环境下服务节点的信任值,采用 5 个信任度:非常信任、高度信任、普通信任、低度信任和不可信任。具体如表 2-1 所示。

表 2-1 信任度等级

信任级别	信任度描述	参考信任区间
1	非常信任	[0.8, 1]
2	高度信任	[0.6, 0.8)
3	普通信任	[0.4, 0.6)
4	低度信任	[0.2, 0.4)
5	不可信任	[0, 0.2)

实验中相关参数的设置,具体如表 2-2 所示。

表 2-2 实验参数的设置

参数	参数描述	参数取值
λ	时间片的影响因子	0.05
β	即时信任的权重因子	初始值为 0.5
α	直接信任权重因子	0.8
γ	局部信任的权重因子	0.3

实验1 恶意节点检测率

为了比较信任模型需进行恶意节点检测率的比较，实验在云计算环境下设置了交易次数为 1000 次、2500 次、5000 次及 10000 次 4 个级别比较上述 3 种信任模型的恶意节点检测率，设定云环境下存在 100 个恶意节点（信任值属于不可信任级别）。恶意节点检测率如图 2-3 所示，在云仿真环境下，随着交易次数的升高，本节所提出的模型（Proposed 模型）比 EigenTrust 模型和 BFM 有更好的收敛速度。实验初始，将所有节点的信任值设置为 0.5，随着交易次数的增加，统计恶意节点检测率发现，Proposed 模型在恶意节点检测率上有明显优势。

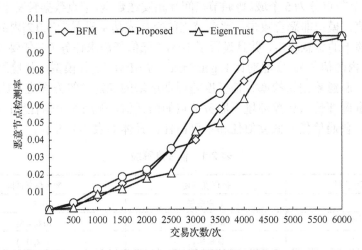

图 2-3　恶意节点检测率

实验2 恶意节点误检率

恶意节点误检率是指在有限的交易内，将恶意节点误检为可信节点，将可信节点误检为恶意节点。如图 2-4 所示，在云仿真环境下，本节提出的信任计算模型在交易次数较少时，也具有较高的误检率，但随着交易次数的增加，Proposed 模型比 EigenTrust 模型和 BFM 有更低的误检率。即随着交易次数的增加，Proposed 模型在误检率上有明显优势，并且可以高效地检测出恶意节点。

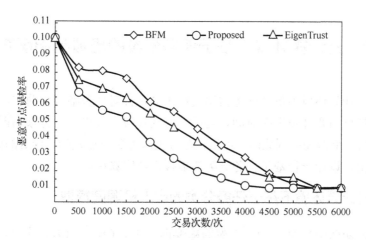

图 2-4　恶意节点误检率

实验**3**　信任值随交易次数的收敛速度

本实验选取若干信任节点（信任值为 0.85 左右），再通过一定数量的交易，统计实时的信任值，得到的结果如图 2-5 所示。从图 2-4 和图 2-5 可知，在云仿真环境下，随着交易次数升高，Proposed 模型比 EigenTrust 模型和 BFM 有更快的收敛速度。Proposed 模型对信任的存储模型进行了改进，实现了按需更新，减少了交易时的信任计算和不必要的资源开销。

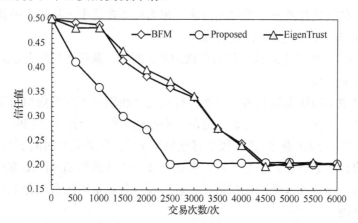

图 2-5　恶意节点信任值随交易次数的收敛速度

2.2 云计算环境下基于任务分类的虚拟机调度方法

由于云计算环境中每个任务占用资源不同，针对任务临时、动态地创建与之匹配的虚拟机需要耗费很多时间，为减少时间耗费，提出了一种预先创建虚拟机的方法，当一个新任务到达时，将该任务分类匹配到已创建的、合适的虚拟机上。在此基础上，设计一种基于任务分类的虚拟机调度算法。

2.2.1 云计算环境下基于任务分类的虚拟机调度模型

假设云系统中有 m 个不同类型的虚拟机，有 n 个用户提供的任务。用 V 表示虚拟机集合，$V=\{v_1, v_2, v_3, \cdots, v_m\}$。由于每个虚拟机的计算能力是不同的，虚拟机在不同维度上的资源容量可以用资源向量 $V_j=<r_j^{CPU}, r_j^{mem}, r_j^{net}, r_j^{stor}>$ 表示，其中 $j \in [1, m]$，r_j^{CPU}、r_j^{mem}、r_j^{net} 与 r_j^{stor} 分别表示第 j 个虚拟机的 CPU 资源、内存资源、网络带宽与硬盘存储资源。

用 T 表示 n 个用户提供的任务集合，$T=\{t_1, t_2, t_3, \cdots, t_n\}$，其中，任务 t_i 进一步描述为一个向量：$t_i=<t_i^{id}, t_i^{dm}, t_i^f>$，其中，$i \in [1, n]$。相关符号解释如下。

1）t_i^{id} 是任务 t_i 的标识符，表示由第 i 个用户提交的有唯一 ID 的任务。

2）$t_i^{dm}=<t_i^{CPU}, t_i^{mem}, t_i^{net}, t_i^{stor}>$ 表示任务 t_i 对虚拟机资源的需求。如果一个虚拟机满足不了任务的任意一个维度的需求，那么任务在这个虚拟机上的执行需要中断，并可能导致任务最终无法执行完。

3）t_i^f 表示用户提交的任务最后完成的截止时间，若任务在该截止时间内不能完成，则任务失效。

云计算中不同级别的任务尽可能运行在与之级别相匹配的虚拟机节点上，以实现资源的合理应用。在任务调度阶段，根据任务的 5 个维度（CPU 资源 t_i^{CPU}、内存资源 t_i^{mem}、网络带宽 t_i^{net}、硬盘存储资源 t_i^{stor}、任务截止时间 t_i^f），通过贝叶斯分类器将任务划分成若干个等级，再根据计算任务的级别来匹配虚拟机；最后将任务部署在与之相匹配的虚拟机上，以实现任务和资源的合理分配并提高云计算系统的性能。

本节所研究的云计算中心可以描述为由虚拟机集群组成的有限集 $V=\{H_1, H_2, \cdots, H_k\}$，其中，主机 $H_1=\{VM_1, VM_2, \cdots, VM_m\}$，其中 VM_m 表示第 m 个虚拟机，物理主机通过虚拟化的方式产生虚拟云平台。

云计算环境下基于任务分类的虚拟机调度模型如图 2-6 所示。

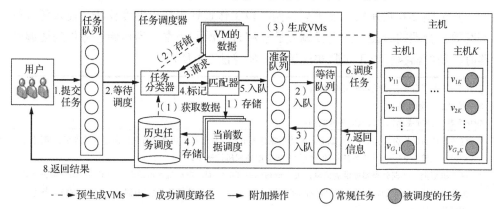

图 2-6　云计算环境下基于任务分类的虚拟机调度模型

图 2-6 中，任务调度器包括贝叶斯分类器、虚拟机匹配、虚拟机控制器等主要部件。

任务调度器用于实现任务调度、任务的状态转换等。任务调度器将用户提交的任务提交到合适的虚拟机上，以实现优化调度。

1）贝叶斯分类器：通过贝叶斯算法对历史调度任务进行分类并将用户提交的任务分类。

2）虚拟机匹配：在贝叶斯分类器实现的任务分类基础上，进行任务与虚拟机的匹配。

3）虚拟机控制器：实现虚拟机创建、虚拟机状态信息收集、任务信息的收集等。

4）就绪序列：当有空闲的、满足条件的虚拟机时，该队列中的任务立即被执行。

5）等待序列：当没有空闲的或满足条件的虚拟机时，该队列中的任务需要等待。

图 2-6 所示的模型采用了两阶段工作模式。

第一阶段：基于历史任务调度信息，通过贝叶斯分类器进行历史分类，虚拟机控制器预先创建与之匹配的虚拟机节点集合，以节省调度时创建虚拟机的时间耗费。

第二阶段：在贝叶斯分类器实现的任务分类基础上，当用户提交任务时，根据任务大小，在预先创建的虚拟机中寻找合适的虚拟机节点，将任务与该虚拟机节点进行匹配。

2.2.2 云计算环境下基于任务分类的虚拟机调度算法

基于图 2-6 所示的调度模型及两阶段工作设计虚拟机调度算法，使云任务得到有效且合理的分配，提高云调度性能和云资源利用率。当初始任务集到达调度器时，调度器执行以下步骤实现调度，如算法 2-1 所示。

算法 2-1　基于任务分类的虚拟机调度算法

输入参数：初始任务集 T；

输出参数：调度成功标识或调度失败队列；

1　任务到达贝叶斯分类器时，贝叶斯分类器将根据任务的相关信息计算出各执行任务所需要的虚拟机级别（详细过程见算法 2-2），并将各任务的 $t_i^{id}, t_i^{dm}, t_i^f$ 提交给虚拟机控制器。

2　虚拟机根据贝叶斯分类器提供的信息，去查询与当前任务匹配的虚拟机状态信息。如果存在与当前任务匹配的虚拟机类型，则将任务 t_i 安排至准备队列。如果不存在与当前任务匹配的虚拟机类型，则将任务 t_i 安排至等待队列。

3　当任务调度器将准备队列中的任务提交给虚拟机匹配时，虚拟机匹配搜索该类型中是否有空闲虚拟机。若存在空闲虚拟机，则直接部署任务 t_i 在该空闲虚拟机上。若不存在空闲虚拟机，则将任务状态切换成等待状态，并挂载至等待队列队尾。

4　当等待队列非空时，由虚拟机控制器创建合适的虚拟机。当虚拟机存在或创建完成后，任务调度器将当前任务提交给匹配的虚拟机进行调度部署（详细过程见算法 2-3）。

5　更新云计算中心的信息，包括云计算中心的空闲虚拟机信息、任务剩余时间等。若有任务超出其截止时间，则撤销该任务，并将其 t_i^{id} 放入调度失败队列。

6　若任务调度成功，则返回调度成功标识；否则返回调度失败队列。

算法 2-1 所示的调度算法基于两阶段进行设计，第一阶段是基于贝叶斯分类器的任务分类（见算法 2-2），第二阶段是基于任务分类结果的虚拟机匹配（见算法 2-3）。

基于算法 2-1，当一个任务 $t_i \in T$ 时，执行任务 t_i 的详细过程如图 2-7 所示。

图 2-7 中的贝叶斯分类是已经训练过的分类器。当用户提交新任务 t_i 时，该分类器按照任务的属性对任务进行分类，即给任务贴上类别标签。

注意在图 2-7 中，"是否存在匹配的 VM"表示是否存在该类型的虚拟机，因为该类型的虚拟机不一定是空闲的，也可能都在被调度中，所以当所需类型的虚拟机不空闲或不存在时，需要创建新的该类型的虚拟机。

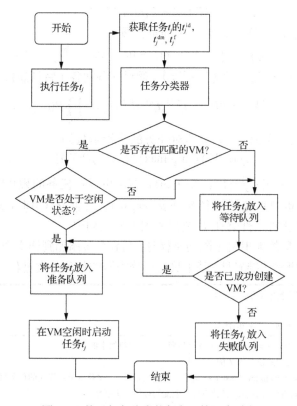

图 2-7　基于任务分类的任务 t_i 的调度过程

算法 2-1 所采用的两阶段工作如下。

第一阶段：基于贝叶斯分类器的任务分类。

基于贝叶斯分类器，利用云计算中心任务规模的历史数据创建一定数量、不同级别（也称为类型）处理能力的虚拟机节点。

贝叶斯分类器在贝叶斯定理的基础上结合了先验概率与条件概率，该分类匹配方法简单、有效实用，可以很大程度上节约开销。此外，该方法可以和 MapReduce 并行处理机制组合，以迅速有效地获得匹配结果，减少云计算中心的负载。

设样本空间为 U，训练样本 T_i 类的先验概率 $P(T_i)$ 为

$$P(T_i) = \frac{\sum\{x \mid x = \mid U \bigcap x \in T_i \mid\}}{\mid U \mid} \tag{2-7}$$

式中，i 取值为整数；$\mid U \mid$ 是样本总数。当产生一个新样本 ω 时，根据贝叶斯定理，可知属于 T_i 类的后验概率为

$$P(T_i \mid \omega) = P(\omega \mid T_i) P(T_i) \tag{2-8}$$

式中，$P(\omega \mid T_i)$ 表示新样本属于 T_i 类的条件概率。

设当前有某个虚拟机节点类型 V_j（由上可知 $V_j = \langle r_j^{\text{CPU}}, r_j^{\text{mem}}, r_j^{\text{net}}, r_j^{\text{stor}} \rangle$），对于任务 t_i（由上可知 $t_i = \langle t_i^{\text{CPU}}, t_i^{\text{mem}}, t_i^{\text{net}}, t_i^{\text{stor}} \rangle$），假设任务间各个特征属性相互独立，可得

$$P(t_i \mid V_j) = P(t_i^{\text{CPU}}, t_i^{\text{mem}}, t_i^{\text{net}}, t_i^{\text{stor}} \mid V_j) = \prod_{k=1}^{4} P(t_{ik} \mid r_{jk}) \tag{2-9}$$

根据贝叶斯分类方法，分类器对任务的决策函数为

$$f(t_i, V_j) = \arg\max\{P(t_i \mid V_j) P(V_j)\} \tag{2-10}$$

式中，$i = \{1, 2, 3, \cdots, n\}$；$j = \{1, 2, 3, \cdots, m\}$，当 t_i 可以在任务的截止时间内完成，且任务 t_i 属于虚拟机节点类型 V_j 的概率 $p = \arg\max\{P(t_i \mid v_j) P(v_j)\}$ 时，称 t_i 是 V_j 类型的任务，在调度时就将其部署在 V_j 类型的虚拟机队列中。

当 t_i 在 V_j 类型的虚拟机上顺利执行时，将任务 t_i 添加到样本中，从而扩大样本容量，提高先验概率的准确性。基于贝叶斯分类器的任务分类过程如算法2-2所示。

算法2-2　基于贝叶斯分类器的任务分类

输入参数：原始任务集 T；

输出参数：贴有任务级别的任务集 T^{flag}；

1　collect information from each kinds of VM; /*取每一个虚拟机级别的属性*/

2　For i=1 to n　/*n 是原始任务集 T 的大小*/

3　　get each information from local task $t_i = \langle t_i^{\text{CPU}}, t_i^{\text{mem}}, t_i^{\text{net}}, t_i^{\text{stor}} \rangle$;　/*获取节点提交的任务属性*/

4　　calculate $\arg\max\{P(t_i \mid v_j) P(v_j)\}$;　/*计算任务匹配的虚拟机级别*/

5　　If t_i can be executed before t_i^{f} /*判断任务在该级别虚拟机上能否在截止期内完成*/

6　　　$t_i^{\text{flag}} \leftarrow V_j$;　/*将 t_i 任务的级别设置为 V_j 类型*/

7　　EndIf

8　　If t_i cannot be executed before t_i^{f}

9　　　$t_i^{\text{flag}} \leftarrow$ FALSE; /*当前没有满足任务 t_i 的虚拟机类型*/

10　　calculate the new minimal class Vx of VM that can meet demand;　/*计算出能够满足要求的虚拟机 Vx，将 t_i 任务的级别设置为 Vx 类型*/

11　　EndIf

12　　$T^{\text{flag}} \leftarrow t_i^{\text{flag}}$;　/*更新任务队列*/

13　EndFor

14　Return T^{flag};

算法2-2首先通过贝叶斯分类器计算出任务的级别，当新任务到达时，获取任务的各个维度信息，利用决策函数计算出任务所属的级别（见语句3和语句4）。然后算法考虑任务能否在截止期内完成，如果可以，则标记任务级别（见语句5～语句7）；如果不可以，则计算出满足要求的最低级别（见语句8～语句11）。

第二阶段工作：基于任务分类结果的具体的虚拟机匹配。

第一阶段工作是对任务进行分类，说明可以用哪种类型的虚拟机进行调度。但是在真正实现调度时，需要绑定具体的虚拟机，而符合该类型的具体的虚拟机可能存在，此时处于空闲或忙状态；也可能符合该类型的具体的虚拟机不存在，因此需要进行第二阶段工作：将任务与具体的虚拟机匹配。任务与具体虚拟机的匹配过程如算法 2-3 所示。

算法 2-3　基于任务分类结果的具体的虚拟机匹配

输入参数：贴有任务级别的任务集 T^{flag}；

输出参数：任务与虚拟机匹配序列；

/*收集准备队列、等待队列中的状态*/

/*新任务 t_i 到达*/

1　　**For** i=1 to n　/*n 为任务集 T 的大小*/

2　　　　**If** there is a free VM &（V_j== t_i^{flag}）& the sequence of Ready is null

3　　　　　　t_i is matched with the CVy;　　/*匹配任务 t_i 至 V_j 类型的虚拟机 CVy */

4　　　　　　update the state of CVy; BREAK;

5　　　　**EndIf**

6　　　　**If** there is not any free VM &（V_j== t_i^{flag}）& the sequence of Ready is null THEN

7　　　　　　create a new VM CVy;

8　　　　　　t_i is matched with the CVy;　　/*匹配任务 t_i 至 V_j 类型虚拟机 CVy 上*/

9　　　　　　update the state of V_j; BREAK;

10　　　**EndIf**

11　　　**If** t_i flag==FALSE

12　　　　　create a sequence of VM with type of V_j;　　/*创建一个新虚拟机类型序列*/

13　　　　　create a VM CVy;

14　　　　　t_i is matched with the CVy;　　/*匹配任务 t_i 至 V_j 类型的虚拟机 CVy */

15　　　　　update the state of CVy; BREAK;

16　　　**EndIf**

17　　　TS←<t_i, CVy>　/*返回匹配结果，任务与具体的虚拟机有序对*/

18　　**EndFor**

19　　Return TS;　/*任务与虚拟机匹配有序对的序列*/

算法 2-3 需要基于算法 2-2 的任务分类结果。在算法 2-3 中，当已经标上任务级别的新任务到达时，需要向虚拟机节点提供任务级别、截止时间信息，以与虚拟机匹配。当当前任务级别的虚拟机存在空闲的节点且准备队列为空时，将当前任务匹配至此空闲虚拟机节点（见语句 2～语句 5）。当当前任务级别的虚拟机不存在空闲的节点且准备队列为空时，创建一个新的虚拟机并将当前任务匹配到新创建节点上（见语句 6～语句 10）。当当前所有虚拟机均无法满足任务需求时，创建一个新的虚拟机类型序列，同时创建一个新的虚拟机（能满足当前任务需求），

并将当前任务匹配到新创建的虚拟机节点上（见语句 11～语句 16）。

2.2.3 实验结果分析

实验环境：①硬件——AMD 四核 2.4GHz CPU，8GB 内存，500GB 硬盘；②软件——Windows 7 操作系统，Eclipse 及 JDK7.0，CloudSim。其中广泛被认可的云计算仿真平台 CloudSim 是由墨尔本大学网络实验室和 Gridbus 共同研发的。基于 CloudSim 平台，可进行云资源调度算法的设计和开发，本节算法继承并扩展 CloudSim 中的 Vm、DataCenterBroker 和 Cloudlet、Host 等类。实验相关的任务属性、虚拟机参数及取值如表 2-3 和表 2-4 所示。

表 2-3　模拟任务属性设置

任务等级	任务属性	截止时间	数量/个
Level 1	100 次浮点运算、1MB 内存	提交时间+100ms	100
Level 2	200 次浮点运算、10MB 内存	提交时间+300ms	100
Level 3	500 次浮点运算、50MB 内存	提交时间+500ms	100
Level 4	1000 次浮点运算、100MB 内存	提交时间+1000ms	100

表 2-4　模拟虚拟机参数设置

虚拟机级别	虚拟机参数				虚拟机数量/个
	CPU 时钟频率/MHz	内存/MB	网络带宽/（Kb/s）	外存/MB	
Level 1	10	10	48	10	5
Level 2	100	100	96	100	10
Level 3	200	200	128	200	10
Level 4	400	400	256	400	5

对于上述实验配置，将本节提出的方法(简称 Proposed 算法,下同)与 Min-min 和 Max-min 算法进行对比。其中，Min-min 算法将任务优先分配给能够最早执行任务并能够在最短的时间内完成任务的节点。该算法需要提前计算得出最先执行任务的节点和执行任务速度最快的节点，然后将任务依次按照"最先最短"的原则进行任务分配[4]。Max-min 算法是将最难完成的任务最先部署并执行完成，按照"最早最长"的原则完成任务[5]。上述两种算法都需要提前计算得出最先执行任务的节点和执行任务速度最快的节点，然后将任务依次按照"最先最短"的原则进行任务分配。本节进行了 10 组对比实验，统计并求出平均值，分别记录了调度所需的最优跨度时间、任务平均等待时间及任务失效率等。

1)时间跨度是云系统处理用户提交的任务集合需要消耗的总时间,时间跨度越小，则云系统的交互性和服务质量越好。

2）任务平均等待时间是用户提交的任务等待时间的均值，也是云系统整体处理能力与吞吐量的表现。

调度所需的最优跨度时间如图 2-8 所示。从图 2-8 可知，在云仿真环境下，随着云任务的级别升高，Proposed 算法与 Min-min 算法的最优调度时间均相应减少，Max-min 算法处理小任务时所需要的等待时间较长，但随着任务级别的提升，Proposed 算法在最优跨度时间层面优于 Min-min 和 Max-min 算法，而且优势很明显。

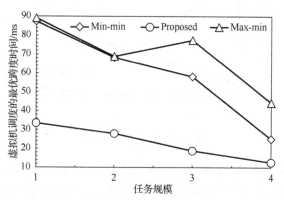

图 2-8　调度所需的最优跨度时间

调度所需的任务平均等待时间如图 2-9 所示。从图 2-9 可知，随着任务的级别升高，Proposed 算法与 Min-min 算法的任务平均等待时间也相应提高。Max-min 算法在小任务方面的失效率较高，但 Proposed 算法的任务等待时间相对稳定，并且总是优于 Min-min 算法，这一优势在任务量增大时更为明显。

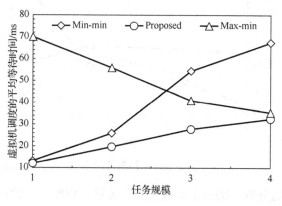

图 2-9　调度所需的任务平均等待时间

调度任务失效率如图 2-10 所示。从图 2-10 可知，随着任务的级别升高，Proposed 算法与 Min-min 算法的任务失效率也相应提高，但 Proposed 算法在任务失效率方面具有显著的优势，而 Min-min 算法随着任务级别的升高，任务失效率明显提高，且随着任务规模的增大，Proposed 算法的优势明显增大。

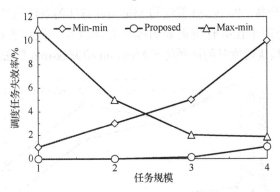

图 2-10　调度任务失效率

虚拟机使用率如图 2-11 所示。从图 2-11 可知，Proposed 算法的各个类型的虚拟机使用率较为稳定，在负载均衡方面具有显著的优势，而 Min-min 算法的不足之处是，性能高的虚拟机使用率高，性能低的虚拟机使用率低，并且随着任务规模的增大，负载不均衡，这种劣势也越来越明显。

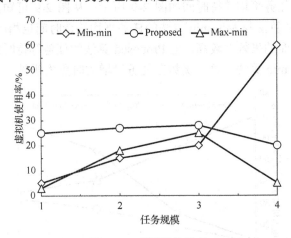

图 2-11　虚拟机使用率

通过上述实验分析：①对不同级别的任务进行调度，对比可知，本节设计的 Proposed 算法具有明显的性能优势，随着任务数量和任务规模的增加，最优跨度时间、任务平均等待时间也相对增加较少，且失效率趋于稳定；②本节设计的 Proposed 算法的各个类型的虚拟机使用率均较为稳定。

2.3　云计算环境下一种匿名评价信任模型

针对云计算环境下的合谋欺骗等信任问题，本书提出一种基于匿名评价的信任模型，该模型将云用户的需求与云服务提供商进行动态匿名匹配，交易结束后用户对云服务提供商的服务进行匿名评价，同时采用优势策略博弈方法对云服务提供商和用户的串谋行为进行分析，实现云环境下对云服务提供商信誉的可靠评价和从根源角度解决串谋欺骗的信任问题。

2.3.1　相关定义

匿名评价：云用户对云服务进行评价时，并不知道云服务提供商的具体身份；同时云服务提供商对云用户做出的评价进行评价反馈时，也不知道云用户的具体身份。

恶意评价：当云服务提供商提供优质的云服务时，云用户给出差评，则该评价称为恶意评价。

恶意评价会造成云服务提供商的信任值偏离真实信任值过多，对云服务提供商产生不良影响，同时会向其他用户提供虚假的信任参考。

云环境中信任值的真实性受到一些欺骗行为的影响，云环境下信任评价经常出现的欺骗行为主要有以下几种。

1）合谋：云用户与云服务提供商合谋，通过"吹捧"方式，提高云服务提供商的信任值，伪造高信任值。

2）恶意攻击：云中某个恶意用户对云服务恶意评价，降低云服务提供商的信任值。

3）智能伪装：恶意节点按照一定的概率对云服务提供商进行非真实评价。

4）间谍行为：某些云服务提供商在获得较高的信任值后，对用户的服务数据进行窃取等非法操作。

2.3.2　匿名评价模型

匿名评价模型由云用户、云用户数据缓冲池、云用户信任存储表、云服务提供商、云服务提供商数据缓冲池和连接管理器组成，如图 2-12 所示。

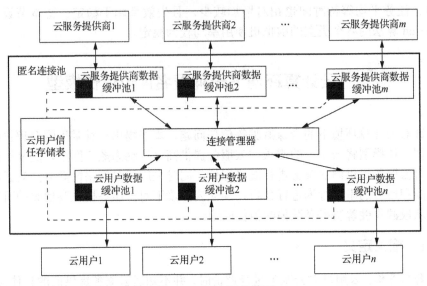

图 2-12　匿名评价模型

图 2-12 中各部件分析如下。

匿名连接池由云用户数据缓冲池、云用户信任存储表、云服务提供商、云服务提供商数据缓冲池和连接管理器组成。通过连接管理器建立云用户数据缓冲池和云服务提供商数据缓冲池间的连接，该连接对于云用户和云服务提供商是透明的，且实现云用户与云服务提供商之间的匿名连接。匿名连接池属于可靠的第三方云信任管理平台。

1）云用户信任存储表：二维表由被评价的云服务提供商对象和评价数据组成，用于存储云服务提供商信任评价值。

2）连接管理器：创建、释放用户缓冲池与云服务提供商缓冲池间的连接，连接对于云用户和云服务提供商是不可见的。

3）云用户数据缓冲池和云服务提供商数据缓冲池：用于缓存云用户的任务数据和云服务提供商返回的结果数据。

该模型可实现抗恶意攻击、抗智能伪装攻击及抗合谋攻击的信任评价。

1. 抗恶意攻击分析

假设某个恶意节点对云服务提供商 N_1 进行了恶意评价攻击，恶意节点申请了 n 次云服务，并对 n 次云服务做出了恶意评价，则每次被恶意评价的主体是 N_1 的概率是 $1/n$，当恶意攻击次数增大时，其数学期望为

$$E = \lim_{n \to \infty} n \times \frac{1}{n} = 1 \tag{2-11}$$

由式（2-11）可知，当云服务提供商节点 N_1 信任等级相同时，它们拥有相同的期望 E，因为同信任等级节点互相平摊了攻击，所以提高了抗恶意攻击的能力。

2. 抗智能伪装攻击

假设某个恶意节点对云服务提供商 N_2 进行了智能伪装攻击，恶意节点申请了 m 次云服务，并以概率 a 对云服务做出了恶意评价。当恶意攻击次数增大时，其数学期望为

$$E = \lim_{m \to \infty} ma \times \frac{1}{m} = a \tag{2-12}$$

由式（2-12）可知，与 N_2 信任等级相同的节点拥有相同的期望，因此智能伪装攻击被 m 次云服务平均分摊，从而提高了抗智能伪装攻击的能力。

3. 抗间谍行为攻击

某些云服务提供商在获得较高的信任值后，获取用户隐私数据的读取和修改权限，对用户的服务数据进行窃取等非法操作。由于每次连接对云用户都是不透明的，因此窃取用户数据时，无法得知数据来源。

4. 合谋攻击

本节提出一种匿名评价模型，该模型可以抵抗一种新型的合谋攻击：当云服务提供商在返回服务结果数据时，附带上自己的身份信息并且做出某种利益承诺，该模型采用一种基于优势策略博弈方法，用不完全动态博弈来模拟云服务提供商和用户之间的作弊过程，从而对云服务提供商和用户的合谋行为进行分析，具体分析如下。

（1）基于匿名评价模型的信任评价

假设将云服务提供商分为两种类型：采取作弊行为的云服务提供商和不采取作弊行为的云服务提供商。前者在返回服务数据时，会在数据中夹杂云服务提供商的身份信息并做出利益承诺，后者是正常提供服务的云服务提供商。

本节在用户节点总数为 n 的云环境中设置了 m 个检测节点，检测节点伪装成无差别的用户节点，用于检测云服务提供商在返回服务数据中是否附带上自己的身份信息，云服务提供商的任意一次作弊行为被检测发现的概率为 $a=m/n$。

合谋检测过程如图 2-13 所示。

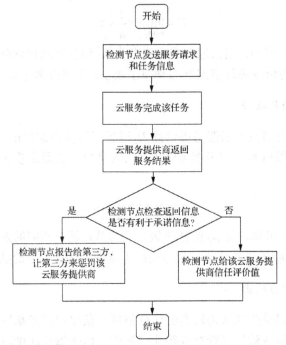

图 2-13　合谋检测过程

在博弈分析过程中，有如下概念。

1）参与者：云用户 i 和云服务提供商 j。其中 i 存在两种类型，即 $\mu_i=0$（表示正常用户）和 $\mu_i=1$（表示同谋用户）。j 是作弊行为的发起者。

本节涉及的相关符号含义如下。

U_n：云用户不采取作弊行为时获得的收益。

U_e：云用户采取作弊行为时获得的额外收益。

P_n：云服务提供商不采取作弊行为时获得的收益（收益表示信任值的提高，下同）。

P_e：云服务提供商采取作弊行为时获得的额外收益。

P_c：云服务提供商采取作弊行为时承诺云用户的利益，即采取作弊行为的成本。

E_u：检测出用户做出合谋欺骗行为时，对用户做出的处罚。

E_p：检测出云服务提供商采取作弊行为时，对云服务提供商做出的处罚。

α：任意一次作弊行为被模型检测发现的概率。

β：云服务提供商以概率 β 发起与云用户的合谋欺骗行为。

ϕ：合谋云用户参与合谋欺骗的概率。

γ：同谋用户的先验概率。正常云用户的先验概率为 $1-\gamma$。

2）行为集：云服务提供商的行为被定义为 A_i，A_i 的取值来自集合 $\{a_1, a_2\}$，其中，a_1 表示正常行为，a_2 表示作弊行为。用户的行为被定义为 B_i，B_i 的取值来自集合 $\{b_1, b_2\}$，其中，b_1 表示正常评价，b_2 表示合谋评价。注意：正常云用户只进行正常评价。

3）策略：Proposed 模型是建立在准分离策略下的博弈[6]。云服务提供商以概率 β 发送自身身份信息和利益承诺，以 $1-\beta$ 概率发送正常服务数据。

图 2-14 是本节博弈策略的扩展式描述，叶子节点为对应策略的效用。

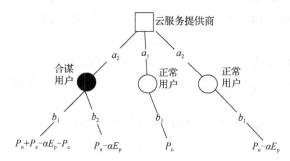

图 2-14　云服务提供商博弈收益的扩展式描述

如图 2-14 所示，云服务提供商可以采取两种行为中的一种，即 a_1 和 a_2 中的一种。

① 当云服务提供商采取 a_1 时，合谋不会发生，云服务提供商对于此次服务获得的信誉奖励值记为 P_n。

② 当云服务提供商采取 a_2 且云用户为合谋用户时，存在如下两种情况：

当用户采取合谋行为给出不客观评价时，云服务提供商获得的收益为 $P_n+P_e-\alpha E_p-P_c$。

当用户不采取合谋行为时，云服务提供商获得的收益为 $P_n-\alpha E_p$。

③ 当云服务提供商采取 a_2 且云用户为正常用户时，云服务提供商获得的收益为 $P_n-\alpha E_p$。

（2）博弈的相关收益分析

根据云服务提供商和云用户之间的行为可知，有以下几种概率发生：

1）假设云服务提供商行为与用户行为相互独立，合谋欺骗成功的概率 P_1 为

$$P_1 = P(A_i = a_2,\ \mu_i = 1,\ B_i = b_2) = \beta\gamma\varphi \qquad (2\text{-}13)$$

2）云服务提供商采取作弊行为 a_2，同谋用户没有配合，合谋欺骗失败的概率 P_2 为

$$P_2 = P(A_i = a_2,\ \mu_i = 0,\ B_i = b_1) = \beta(1-\gamma) \qquad (2\text{-}14)$$

3）云服务提供商采取作弊行为 a_2，用户为正常用户时，合谋欺骗失败的概率 P_3 为

$$P_3 = P(A_i = a_2,\ \mu_i = 1,\ B_i = b_1) = \beta\gamma(1 - \varphi) \tag{2-15}$$

上述式中，当情况 1）发生时，不可信云服务提供商通过作弊行为能够获得比正常收益高的收益；当情况 2）、3）发生时，能够获得比正常收益低的收益。

不可信云服务提供商采取作弊行为时的收益期望 E_{cp} 为

$$E_{cp} = P_1(P_n + P_e + P_c - \alpha E_p) + (P_2 + P_3)(P_n - \alpha E_p) + (1 - \beta)P_n \tag{2-16}$$

可信云服务提供商不采取作弊行为时的收益期望 E_{up} 为

$$E_{up} = P_n \tag{2-17}$$

在式（2-16）与式（2-17）中，当给定 P_n、P_1、P_2、P_3、α、P_e、P_c 时，通过设置 E_p 的值能够使 $E_{up} > E_{cp}$ 成立，使得云服务提供商不采取作弊策略为优势策略。

（3）信任评价模型

基于图 2-12 所示的模型，信任评价过程如图 2-15 所示。

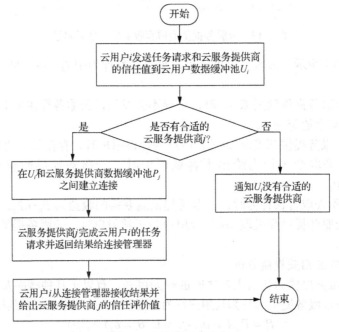

图 2-15　信任评价过程

图 2-15 为信任计算的具体过程。本节采用匿名评价模型实现信任的可靠评价，解决传统的信任计算由于合谋、恶意攻击带来的信任评价不可靠问题。

匿名评价流程（以云用户 i 为例分析）如下：

1）云用户节点 i 将服务请求数据 $Data_i$ 和需要完成服务的云服务提供商信任值提交至云用户数据缓冲池 U_i。

2）连接管理器读取 U_i 中的信任值，寻找出合适的云服务提供商，该云服务提供商数据缓冲池为 P_j。

3）连接管理器建立 U_i 和 P_j 的连接，并通知云服务提供商提供云服务。

4）云服务提供商在服务结束后，将结果数据返回云服务提供商数据缓冲池 P_j 中，并通知连接管理器。

5）连接管理器通知云用户节点 i 取回计算结果数据。

6）交易结束后，连接管理器释放 U_i 和 P_j 的连接。

2.3.3　实验与分析

在云环境下，存在很多同类型的云服务提供商。各个云服务提供商都希望提高自己的声誉，通常通过承诺云用户利益实现"刷信誉"。本节在云服务提供商与云用户之间建立一个可靠的第三方云服务提供商管理平台，从而实现对云服务提供商的匿名评价。如果云服务提供商继续采取作弊行为，那么该管理平台就根据云服务提供商的不可信行为采取不同程度的惩罚措施，如云服务提供商的服务被暂停一段时间、提出警告、降低云服务提供商的信誉值等。本节通过动态博弈模型实现云服务提供商作弊行为收益为 0 或为负值，从而从源头根除云服务提供商的作弊行为。仿真实验基于 JDK1.7 和 MyEclipse 6.0 环境进行。实验参数设置具体如表 2-5 所示。

表 2-5　实验参数设置

参数	参数描述	参数取值
α	模型检测发现作弊行为的概率	0.05
β	云服务提供商采取作弊行为的概率	[0.2, 1]
γ	用户为同谋用户的概率	0.8
ϕ	同谋用户参与合谋欺骗的概率	0.95
P_n	云服务提供商在第 i 次交易中不采取作弊行为时所获得的收益	云服务提供商信任值提高 P_i
P_e	云服务提供商第 i 次采取作弊行为时，获得的额外收益	云服务提供商信任值提高 P_{ei}
P_c	云服务提供商采取作弊行为时，承诺云用户的利益	等价于提高云服务提供商的信任值 0.0005
E_p	检测出云服务提供商采取作弊行为时，对云服务提供商做出的处罚	云服务提供商的信任值降低 $(P_i+P_{ei})\times 2$

表 2-5 中，如果一个云服务提供商总共进行了 i 次服务，则第 i 次提供的服务的收益信任值记为 P_i。截至第 i-1 次交易结束后，云服务提供商的信任值记为 T_{i-1}。

1）云服务提供商在第 i 次交易中提供优质服务且该云服务提供商不采取作弊行为时，所获得的收益 P_i 的计算式为

$$P_i = T_{i-1} \sum_{j=1}^{i-1} \max\{K_j, 0\} \times 0.00002 \qquad (2\text{-}18)$$

式中，K_j 为

$$K_j = \begin{cases} 1, & \text{提供优质服务获得好评} \\ -1, & \text{提供劣质服务获得差评} \end{cases} \qquad (2\text{-}19)$$

云服务提供商信任值 T_i 的计算式为

$$T_i = T_{i-1} + P_i \qquad (2\text{-}20)$$

2）云服务提供商在第 i 次交易中提供劣质服务且该云服务提供商不采取作弊行为时，云服务提供商信任值 T_i 的计算式为

$$T_i = T_{i-1} - P_i \qquad (2\text{-}21)$$

3）云服务提供商在第 i 次交易中提供劣质服务且该云服务提供商采取作弊行为，并获得好评时，获得的额外收益 P_{ei} 的计算式为

$$P_{ei} = (T_i - 1)^2 \sum_{j=1}^{i-1} \max\{K_j, 0\} \times 0.00002 \qquad (2\text{-}22)$$

云服务提供商信任值 T_i 的计算式为

$$T_i = T_{i-1} + P_{ei} \qquad (2\text{-}23)$$

4）如果一个云服务提供商第 i 次提供的是劣质服务，并通过合谋行为获得好的服务评价。被检测节点发现其服务数据中夹带自身信息和利益承诺时，第三方平台对该云服务提供商进行处罚，则云服务提供商信任值 T_i 的计算式为

$$T_i = T_{i-1} - (P_i + P_{ei}) \times 2 \qquad (2\text{-}24)$$

实验涉及的相关数据结构描述如下。

1）信任存储表：二维数组 $D=\{\text{ID, value}\}$，分别为评价的云服务提供商 ID 和对云服务提供商本次服务的评价。

2）云用户数据缓冲池和云服务提供商数据缓冲池：为两个一维数组，用于存储云用户和云服务提供商数据。云用户将服务请求数据传入云用户数据缓冲池，连接管理器建立云用户缓冲池与云服务提供商缓冲池连接后，云用户缓冲池数据传入云服务提供商数据缓冲池。云服务提供商完成服务计算后，将服务数据返回至云服务提供商数据缓冲池内。

实验1 抗恶意攻击实验

在仿真云计算环境下布置 10 个云服务提供商节点和 100 个云用户节点，并掺

入 50 个检测节点。其中，每个云用户节点提出 1000 次服务请求，恶意节点提出的服务请求次数与云用户节点一致。恶意节点针对某一个云服务提供商，对于该云服务提供商所有服务的评价均为恶意的。实验对初始信任值为 0.5、0.7 的云服务提供商的信任值进行统计并求出平均值，与正常环境下的云服务提供商信任值进行对比，得到的结果如图 2-16 和图 2-17 所示。

图 2-16 和图 2-17 表明，初始信任值为 0.5、0.7 时，模型表现出较好的抗恶意攻击，对于恶意攻击，众多云服务提供商平摊了攻击，使得信任值降低比较少。当云服务提供商的数量较多时，效果更加明显。

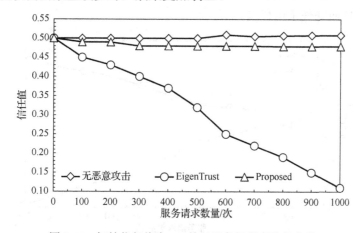

图 2-16　初始信任值为 0.5 的云服务提供商信任变化

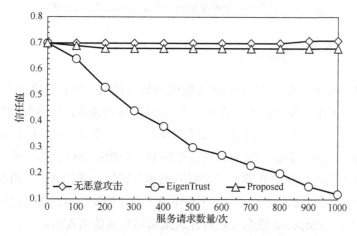

图 2-17　初始信任值为 0.7 的云服务提供商信任变化

实验 2 博弈收益实验

在仿真云环境下布置 10 个云服务提供商节点和 100 个云用户节点，并掺入 5 个检测节点。其中，每个云用户节点提出 1000 次服务请求，检测节点提出的服务请求次数与用户节点一致。实验对初始信任值为 0.5 的云服务提供商、不同作弊概率的收益进行统计，得到的结果如图 2-18 所示。实验结果表明，对于云服务提供商来说，采取合谋欺骗获取信任值提高的行为是劣势策略，因为在没有获得收益的同时，反而降低了信任值。

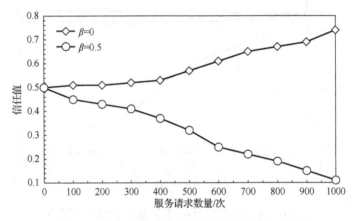

图 2-18 云服务提供商采取合谋欺骗行为时信任值的变化

实验 3 抗智能伪装实验

在仿真云环境下布置 10 个云服务提供商节点和 100 个云用户节点，并掺入 5 个检测节点。其中，每个云用户节点提出 1000 次服务请求，检测节点提出的服务请求次数、服务请求形式、内容与云用户节点一致。实验对初始信任值为 0.5 的可信云服务提供商与智能伪装的云服务提供商（初始前 200 次为正常交易，之后 800 次以 50%概率实施合谋欺骗获取较高的服务评价）进行分析，得到的结果如图 2-19 所示。实验结果表明，在云计算环境下，当智能伪装的服务提供商节点采取合谋行为时，Proposed 模型可以较好地抵御该智能伪装攻击。

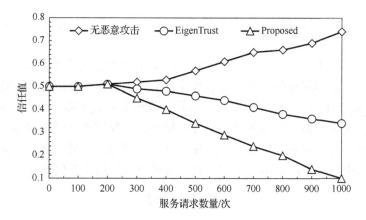

图 2-19 智能伪装云服务提供商采取合谋欺骗行为时信任值的变化

2.4 总结与展望

2.4.1 本章小结

1）本章研究了云计算环境下基于任务分类的虚拟机调度模型与算法，着重分析了云环境下任务与虚拟机的调度匹配问题，以实现虚拟机资源的合理、高效利用，提高云服务的质量。在虚拟机与任务匹配方面，采用贝叶斯分类器，基于历史任务调度信息，预先创建一定数量、具有不同处理能力级别的虚拟机节点，并在任务调度时根据任务的大小在预先创建的虚拟机中寻找合适的虚拟机节点，并将任务与该虚拟机节点进行匹配，在此基础上设计基于任务分类的虚拟机调度算法。仿真实验表明，该方法可明显提高虚拟机的调度性能。

2）本章研究了云计算云环境下基于信任传递的信任计算模型，通过域划分，基于滑动窗口计算即时信任、局部信任和全局信任，仿真实验表明，本章的信任模型具有较好的信任计算性能，可提高信任的可靠性和时效性。

3）本章研究了云计算环境下基于匿名评价的信任计算模型，实现匿名评价。基于该计算模型进行动态博弈分析，可解决云服务提供商和云用户的合谋欺骗信任问题。

2.4.2 研究工作展望

1）在云计算环境下基于任务分类的虚拟机调度方法研究方面，进一步值得研究的工作有：优化该算法，提高分类的精确度；在实际的系统中部署该方法，对算法性能进行检验等。

2）在云计算环境下基于信任传递的信任计算模型研究方面，进一步值得研究的工作有：在实际的系统中部署该信任计算模型、对模型性能进行检验等。

3）在云计算环境下基于匿名评价信任计算模型研究方面，进一步值得研究的工作有：在实际的系统中部署该信任计算模型、对模型性能进行检验等。基于用户收益表格，进一步研究当用户采取作弊行为时对用户的处罚分析，降低用户收益，或者当用户举报时，给予用户奖励，以提高云环境中的信任程度。

参 考 文 献

[1] 邵堃，罗飞，梅崇雄，等. 一种正态分布下的动态推荐信任模型[J]. 软件学报，2012，23（12）：3130-3148.

[2] KAMVAR S D, SCHLOSSER M T, GARCIA-MOLINA H. Incentives for combatting freeriding on P2P networks[C]// European Conference on Parallel Processing, Berlin, Springer, 2003: 1273-1279.

[3] MOHSENZADEH A, MOTAMENI H, ER M J. A new trust evaluation algorithm between cloud entities based on fuzzy mathematics[J]. International Journal of Fuzzy Systems, 2016, 18(4): 659-672.

[4] LI B, NIU L, HUANG X, et al. Minimum completion time offloading algorithm for mobile edge computing[C]//2018 IEEE 4th International Conference on Computer and Communications, Chengdu, China: IEEE, 2018: 1929-1933.

[5] SANTHOSH B, MANJAIAH D H. A hybrid AvgTask-Min and Max-Min algorithm for scheduling tasks in cloud computing[C]//2015 International Conference on Control, Instrumentation, Communication and Computational Technologies, Kumaracoil, India: IEEE, 2015: 325-328.

[6] 张成科，宾宁，朱怀念. 博弈论与信息经济学：PBL 教程[M]. 北京：人民邮电出版社，2015.

第 3 章

云计算环境下服务资源分配与定价研究

3.1 云计算环境下基于改进差分进化算法的资源分配

本节提出一种基于改进差分进化的资源分配策略：针对云资源分配中存在的负载不均衡、资源配置时间较长及如何使用户更满意等问题，基于多用户、多云服务提供商环境下的云服务资源，提出了一个资源优化分配框架，从时间与负载比两方面做出优化，设计了一种基于改进差分进化的资源优化分配策略，实现多任务批处理的资源优化分配，有效地提高了资源的利用效率。

3.1.1 云计算环境下资源分配的简介

1. 基本介绍

由基于云计算的相关理论可以发现，云服务资源分配涉及云任务请求和云服务资源，其中用户需求被转化为云任务请求，而云服务资源是由云服务提供商提供的硬件物理资源（如 CPU、存储、带宽等）虚拟化而成的虚拟服务资源，用来满足用户需求。利用云服务资源处理云任务的形式实现资源的分配，如图 3-1 所示。

图 3-1 中，用户代表有云服务请求的用户集合，随机向云服务中心提交请求，资源分配中心（resource allocation center，RAC）会将服务请求转化为任务集合；云服务提供商具有不同的规模，RAC 会将云服务（cloud service，CS）资源通过虚拟化转化成资源池，并生成具有不同计算能力和存储能力的虚拟机。RAC 则是将任务与虚拟机通过算法匹配，完成用户请求处理的合理的资源分配。下面结合本节介绍的云计算环境下资源分配研究现状，针对当前研究工作中的不足，提出基于改进差分进化算法的资源分配策略。

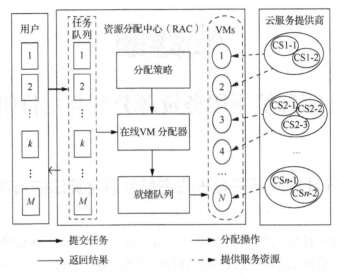

图 3-1 云服务资源分配策略

2. 相关定义

对任务和虚拟机的相关定义如下：

1）在云计算环境中，将用户需求转化成需要独立执行完成的任务 cloudTask$_i$，$i \in \{1, 2, \cdots, m\}$。那么在对任务批处理分配资源的过程中，$m$ 个独立云任务构成的一批任务 cloudTask 可以表示为 cloudTask=\{cloudTask$_1$,cloudTask$_2$,$\cdots$, cloudTask$_m$\}，其中，用 cloudLength$_i$ 来表示根据用户需求转化而来的云任务 cloudTask$_i$ 的大小，参数设置会在具体实验的章节进一步说明。

2）云计算是利用虚拟化技术将物理资源映射到虚拟机上，根据云任务进行资源分配。在云计算环境中，虚拟机 j 用 vm$_j$ 表示，$j \in \{1, 2, 3, \cdots, n\}$，其资源向量

$$\mathbf{vm}_j = <s_j, \eta_j, m_j, w_j, p_j>$$

式中，s_j 代表 CPU 的主频；η_j 代表 CPU 的利用率；m_j 代表内存；w_j 代表带宽；p_j 代表虚拟机功率。

3）资源分配的过程实际上是给相应的虚拟机分配相应的云任务进行处理。云任务与虚拟机之间有一个匹配关系：

用 $A[i][j]$ 表示第 i 个云任务与第 j 个虚拟机的匹配关系：

$$A[i][j] = \begin{cases} 1, & \text{cloudTask}_i \text{被分配到} \text{vm}_j \\ 0, & \text{cloudTask}_i \text{未被分配到} \text{vm}_j \end{cases}$$

所有的 $A[i][j]$ 组成了一个 $m \times n$ 的矩阵 A：

$$A = \begin{bmatrix} A[1][1] & \cdots & A[1][n] \\ \vdots & & \vdots \\ A[m][1] & \cdots & A[m][n] \end{bmatrix}$$

云计算环境下的资源分配可描述为：当用户产生服务请求时，会将请求转化成云任务需求，与虚拟化服务资源进行匹配。从接收到用户请求到完成用户请求期间，当云计算系统付出的总代价最小时，表示能够较大化地满足用户的需求并且提高资源的利用率。总代价的计算包括两个部分，即总负载和总时间，并以此为基础提出总代价函数，具体如下：

首先需要对虚拟机的性能参数进行 Min-max 标准化处理，即

$$X(\xi) = \frac{\xi - \min(\xi)}{\max(\xi) - \min(\xi)}, \ \xi \in \left\{ s_j, \eta_j, m_j, w_j, p_j \right\} \tag{3-1}$$

在此标准化处理的基础上，进行如下计算。

（1）CPU 负载

通过文献[1]和文献[2]，给出虚拟机 vm_j 在完成任务 $cloudTask_i$ 的过程中的负载计算式，即

$$Load[i][j] = \frac{cloudLength_i}{\lambda \cdot X(s_j) \cdot X(\eta_j) \cdot X(p_j)} \tag{3-2}$$

式中，λ 为 CPU 负载系数。

（2）总负载 sumLoad

资源池中虚拟机处理完批任务 cloudTask 的总负载 sumLoad 为

$$sumLoad = \sum_{j=1}^{n} \sum_{i=1}^{m} A[i][j] \times Load[i][j] \tag{3-3}$$

（3）总时间 sumTime

资源池中虚拟机处理完批任务 cloudTask 的总时间 sumTime 为

$$sumTime = \max_{j \in \{1, \ 2, \cdots, \ n\}} \left\{ \sum_{i=1}^{m} A[i][j] \times Time[i][j] \right\} \tag{3-4}$$

式中，$Time[i][j] = \dfrac{cloudLength_i}{\theta \cdot X(s_j) \cdot X(m_j) \cdot X(w_j)}$，表示虚拟机 j 处理云任务 cloudTask 所花费的时间，其中 θ 为时间系数。

（4）总代价 All

云计算系统中虚拟机 vm 处理云任务的总代价 All 为

$$All = \omega_1 \cdot \frac{1}{sumLoad} + \omega_2 \cdot sumTime \qquad (3\text{-}5)$$

式中，ω_1 表示用户根据需求定义的负载权重；ω_2 表示用户根据需求定义的时间权重，且 $\omega_1 + \omega_2 = 1$。

3.1.2 基于改进差分进化算法的资源分配策略

不同的资源分配方案完成用户需求所需的时间不同，各资源上的负载情况也不同，而最佳的资源分配方案则是 min{All}，即找到一种资源分配方案，使得过程中产生的总代价 All 最小。

差分进化（differential evolution，DE）算法是遗传算法的一个分支，是 1995年 Storn 等为解决数学中的多项式问题而设计的，经过其他学者的研究与发展逐渐成为解决复杂优化问题的有效方法[3]。DE 算法包含多个步骤，其中的变异操作是算法的重点，一个好的变异策略往往能较好地改善算法的性能。标准 DE 算法的收敛速度相对较慢，而且有时容易陷入局部最优。在经典 DE 算法的基础上通过对变异操作进行改进，得到改进的差分进化（improved differential evolution，IDE）算法，其算法流程如图 3-2 所示。

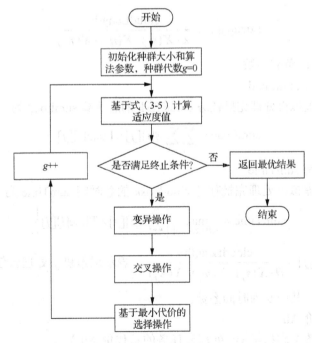

图 3-2　IDE 算法流程

基于图 3-2 的 IDE 算法具体步骤如下。

1. 初始化种群

（1）编码

为了便于算法设计与实验执行，设计了任务与虚拟机一一映射的编码方式，数组 $B=[b_0, b_1,\cdots, b_{m-1}]$ 表示任务在虚拟机上的对应关系，每个元素的取值范围为 $[0, n\text{-}1]$，该值对应虚拟机编号，若矩阵中 $A[i][j]=1$，则对应数组中 $b_{i-1}=j-1$；反之，若 $b_k=l$，则矩阵中 $A[k+1][l+1]=1$。

例如，将 6 个任务分配到 3 个虚拟机上，则建立一个数组[0, 2, 1, 0, 1, 0]，表示 1、4、6 号任务在 0 号虚拟机上执行，2 号任务在 2 号虚拟机上执行，3、5 号任务在 1 号虚拟机上执行。

（2）初始化

已知云任务的个数为 m，虚拟机的个数为 n，云任务与虚拟机的一种匹配结果称为一个个体，初始种群规模设为 M，初始种群由随机产生的若干个体组成，对其初始化，有

$$X(g) = (x_1(g), x_2(g),\cdots, x_M(g)) \tag{3-6}$$

式中，$X(g)$ 代表第 g 代种群，g 代表进化代数，其中包括 M 个个体，g 的初始值设为 0，最大值为 $g_{\max}$。$x_i(g)$ 是第 g 代的第 $i(i \in \{1,2,\cdots,M\})$ 个个体。$x_{\text{best}}(g)$ 为当前运行 g 代得到的最优个体，其初始化值设置为随机个体。在上例中，编码[0, 2, 1, 0, 1, 0]即为一个个体。

2. 计算适应度值

基于式（3-5）计算适应度值。

3. 判断该算法是否结束

算法结束的终止条件如下，且只需满足其中一个即可：
1）当前代数 g 已经达到最大进化代数 $g_{\max}$；
2）当最优解连续 N 代都没进化时，可认为达到最优，终止算法。若该算法结束，则算法返回最优结果 $x_{\text{best}}(g)$，否则，执行"4. 变异操作"。

4. 变异操作

变异操作是对上一代种群中的个体进行变异产生新的个体 v_i，即变异个体。标准 DE 算法产生变异个体 v_i 的方法为

$$v_i(g+1) = x_i(g) + F \times (x_p(g) - x_q(g)) \qquad (3\text{-}7)$$

式中，$v_i(g+1)$是通过父代变异而来的变异个体，$p, q \in [1, M]$，且$i \neq p \neq q$。新的变异个体的产生由基准个体和差异变量重组产生，具有较强的随机性和探索性，但收敛速度较慢。

改进的 IDE 算法，与标准 DE 算法产生变异个体v_i的方法不同，为

$$v_i(g+1) = x_{\text{best}}(g) + F \times (x_{\text{best}}(g) - x_i(g)) + F \times (x_p(g) - x_q(g)) \qquad (3\text{-}8)$$

式（3-8）以当前最优个体$x_{\text{best}}(g)$为基准个体来产生变异个体，不仅与随机差异变量$(x_p(g) - x_q(g))$进行重组，还合成固定差异变量$(x_{\text{best}}(g) - x_i(g))$，加强了算法的收敛性，使得适应性方面效果更佳，即探索性和对父代的继承性较为均衡。其中，F为缩放因子，对算法有较大的影响。在算法执行的初期阶段，缩放因子F越小，算法的收敛速度越快；在算法执行的后期阶段，缩放因子F越大，越不容易陷入局部最优。故能根据进化代数相应地改变缩放因子F的大小，计算方法为

$$F = \left(\frac{g_{\text{current}}}{g_{\text{max}} - g_{\text{current}}} \right)^2 \qquad (3\text{-}9)$$

式中，g_{current}为已经进化的代数；g_{max}为最大进化代数。

5. 交叉操作

个体变异后通过交叉概率来判断是否进行交叉操作，进而产生交叉个体u_i，具体方法为

$$u_i(g+1) = \begin{cases} v_i(g+1), & \text{rand}(0, 1) \leqslant \text{CR} \\ x_i(g), & \text{其他} \end{cases} \qquad (3\text{-}10)$$

式中，CR 为交叉概率。通过概率的方式随机生成新的个体，保持了种群多样性。需要注意的是，交叉概率对算法性能也有一定的影响，其性质和缩放因子大致相同，所以，交叉概率 CR 也是根据进化代数自适应改变的，有

$$\text{CR} = \left(\frac{g_{\text{current}}}{g_{\text{max}}} \right)^2 \qquad (3\text{-}11)$$

6. 选择操作

根据贪心算法进行选择，即选择使任务代价最小的个体作为新的个体，有

$$x_i(g+1) = \begin{cases} u_i(g+1), & f(u_i(g+1)) \leqslant f(x_i(g)) \\ x_i(g), & \text{其他} \end{cases} \qquad (3\text{-}12)$$

式（3-12）中的函数 f 是基于式（3-5）进行的代价计算结果，根据"1. 初始化种群"，个体代表云任务与虚拟机的匹配，根据个体的编码信息，由数组 B 计算出矩阵中的 $A[i][j]$，再根据式（3-5），若交叉后所得的个体能使总代价 All 小于当前总代价 min{All}，则为最优个体 $x_{best}(g)$，且个体进化，min{All} 也进行相应的更新。

7. 进化代数 g 自增

$g=g+1$；转到"2. 计算适应度值"。

3.1.3　DE 算法与 IDE 算法的收敛性对比

为了说明 IDE 算法的收敛速度和收敛精度，对 3 个经典 benchmark 函数 f_1、f_2、f_3 做仿真测试，通过比较 IDE 算法和标准 DE 算法的测试结果，在独立运行 15 次后，将求得的最优结果的平均值和标准差进行统计比较。在标准 DE 算法中，$F=0.5$，$CR=0.7$，种群规模设置为 100，最大进化代数为 500，运行环境为 MATLAB 2017a。以下是 3 个具体的函数表达式：

$$f_1(x) = \sum_{i=1}^{30} x_i^2$$

$$f_2(x) = \sum_{i=1}^{30} \left(\sum_{j=1}^{i} x_j \right)^2$$

$$f_3(x) = \sum_{i=1}^{30} \left[x_i^2 - 10\cos(2\pi x_i) + 10 \right]$$

两种算法下 3 个函数的性能比较如表 3-1 所示。

表 3-1　两种算法下 3 个函数的性能比较

函数	x_i 的范围	理论上最优值	DE 算法		IDE 算法	
			最优解均值	标准差	最优解均值	标准差
$f_1(x)$	[−5.12, 5.12]	0	3.47×10^{-2}	6.24×10^{-2}	8.12×10^{-13}	6.97×10^{-13}
$f_2(x)$	[−100, 100]	0	1.25×10^{-5}	5.34×10^{-5}	6.47×10^{-20}	9.35×10^{-19}
$f_3(x)$	[−5.12, 5.12]	0	1.98	0.291	4.28×10^{-5}	5.29×10^{-5}

从表 3-1 中可以发现，IDE 算法的优化结果明显优于 DE 算法，并且对 3 个函数都能得到精准度很高的最优结果，标准差也可以反映出该算法较稳定。

图 3-3～图 3-5 是 3 个函数分别用 DE 算法和 IDE 算法各运行 15 次后平均最优适应值的进化图。

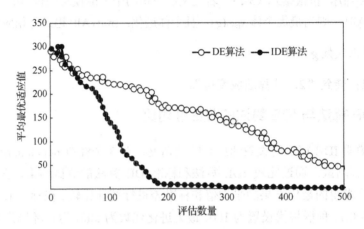

图 3-3　函数 f_1 的平均最优适应值进化图

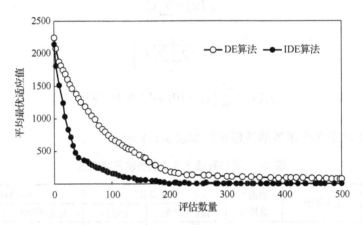

图 3-4　函数 f_2 的平均最优适应值进化图

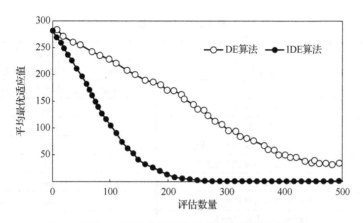

图 3-5　函数 f_3 的平均最优适应值进化图

从图 3-3 可以看出，DE 算法在进行 500 次迭代后还未开始收敛，而 IDE 算法早已收敛，且收敛效果较好。图 3-4 中两种算法均收敛，但 IDE 算法收敛速度较快，收敛结果也优于 DE 算法。由于 DE 算法容易陷入局部最优，因此可以看出收敛效果不是很好。从图 3-5 中可以明显看出，IDE 算法的收敛速度与收敛结果的优势。DE 算法收敛速度较慢，只是有开始收敛的趋势，并且早熟，收敛结果较差。由此可以看出，所提出的 IDE 算法能够较快地收敛，收敛结果较优，且不易陷入局部最优。

3.1.4　实验设计与分析

选取 RR 算法、Min-min 算法和标准 DE 算法进行比较分析。轮转调度（round robin，RR）算法是系统设置固定的时间片，分配给队首作业，具有一定的公平性，但是不够灵活，针对不同用户需求，弹性较差。Min-min 算法的思想是把任务分配到可以尽快执行任务且完成时间最快的虚拟机上。Min-min 算法在时间方面有着不错的性能，但会使计算能力较强的虚拟机不停地处理任务，而其他虚拟机较为空闲，负载均衡方面性能较弱。Min-min 算法被视为任务调度和资源分配的基准算法，用于实验中作为对比算法，能较好地说明所提出算法的有效性。标准 DE 算法在收敛速度方面有着一定的缺陷，有时也容易陷入局部最优，在标准 DE 算法的基础上提出改进，将其作为对比算法，可使得实验结果更具说服力。

实验参数如表 3-2 所示。

表 3-2　实验参数

参数	参数描述	参数取值或范围
m	云任务个数	$20 \leqslant m \leqslant 50$（具体数值见对应实验）
n	虚拟机个数	$2 \leqslant n \leqslant 20$（具体数值见对应实验）
λ	CPU 负载系数	800
θ	时间系数	1000
ω_1	式（3-5）中 sumLoad 的权重系数	0.3
ω_2	式（3-5）中 sumTime 的权重系数	0.7
g_{max}	IDE 算法最大进化代数	$4mn$
M	IDE 算法初始种群规模	mn
N	IDE 算法终止判定规模	mn

实验中涉及的测评指标如下。

1）任务完成时间：通过比较各算法完成任务所花费的时间来测评算法的优劣性。此外，时间对资源定价的成本也有影响，资源分配及完成任务所需时间较少时，可以降低云服务提供商的成本，间接降低用户的费用。

2）负载比：从性能上根据各虚拟机的负载比 l_j［式（3-13）］对算法的优劣性进行比较。好的分配方法可以使资源分配处于较优的负载均衡状态，提升资源分配的整体性能。

$$l_j = \alpha \text{CUR}_j + \beta \text{MUR}_j \qquad (3\text{-}13)$$

式中，l_j 代表虚拟机 v_j 的负载比；CUR_j 为虚拟机 v_j 的 CPU 利用率；MUR_j 为虚拟机 v_j 的内存利用率；α、β 为权重系数，实验取 $\alpha=0.75$，$\beta=0.25$。

3）负载标准差：如式（3-14）所示，数学上标准差能反映出一组数据的离散程度。负载标准差对负载比做进一步的数学处理，使得实验结果更加清晰。当负载标准差越小时，可以理解为资源分配方案的负载均衡越优。

$$\text{Load\_MD} = \sqrt{\frac{1}{n}\sum_{j=1}^{n}\left(l_j - \bar{l}\,\right)^2} \qquad (3\text{-}14)$$

式中，n 为虚拟机的个数；l_j 为虚拟机 v_j 的负载比；$\bar{l}$ 为所有虚拟机负载比的平均值。

4）相对满意度：综合用户和云服务提供商双方的满意度。对用户而言，完成任务所需的时间越短，越满意；对云服务提供商而言，资源利用率高、不浪费，负载标准差越小，越满意。综合考虑以上两种情况，从另一个角度进行仿真实验。令 S 为相对满意度，有

$$S = (1 - \text{Load\_MD})\text{sumTime}^* / \text{sumTime} \qquad (3\text{-}15)$$

式中，Load_MD 为负载标准差；sumTime 为完成任务所需的总时间；sumTime*

为最优时间，由于最优时间难以实现，因此以总任务规模除以总的 CPU 速率作为 sumTime* 的估计值。

1. 实验环境

CloudSim 是澳大利亚墨尔本大学网络实验室推出的云计算仿真软件，它提供了丰富的函数库以支持云计算环境中的异构资源、用户和应用程序[4]，可在不同的系统上跨平台运行。

通过扩展 CloudSim 3.0 中的 DateCenterBroker 类，编写增加了资源分配方法 bindCloudletsToVMs_MinMin()、bindCloudletsToVMs_DE() 及 bindCloudletsToVMs_IDE()。实验环境：①硬件——2.2GHz CPU，4GB 内存，500GB 硬盘；②软件——Windows 7 操作系统，MyEclipse Professional 2014，JDK1.80；③编程语言——Java。

其中，云任务和虚拟机的产生都是通过仿真得到的，具体函数如下：

（1）定义虚拟机及参数

```
Vm vm1 = new Vm(vmid, brokerId, mips, pesNumber, ram, bw, size, vmm,
new CloudletSchedulerTimeShared());
```
/*对虚拟机进行参数描述，声明，包括虚拟机 ID、MIPS、镜像大小、虚拟机内存大小、带宽、CPU 数量、虚拟机名称*/

（2）定义云任务及参数

```
Cloudlet cloudtask = new Cloudlet(id, length, pesNumber, fileSize,
outputSize, utilizationModel, utilizationModel, utilizationModel);
```
/*声明云任务参数：任务 ID、长度、文件大小、输出大小、使用模式*/

2. 实验结果分析

（1）给定虚拟机数量时，不同数量任务的任务完成时间

设定资源池中的虚拟机数量为 10，具体如表 3-3 所示，任务集合的大小分别为 20（表 3-4）、50、100、300、500，通过比较完成任务所需的总时间来对比算法性能。

表 3-3　10 个虚拟机所拥有的资源

vm0	vm1	vm2	vm3	vm4
(1.8,1)	(2.8,2)	(1.6,4)	(1.2,1)	(2.6,1)
vm5	vm6	vm7	vm8	vm9
(2.0,2)	(2.4,2)	(1.4,2)	(1.4,4)	(2.2,2)

表 3-4　20 个云任务及所需分配的资源

task1	task2	task3	task4	task5
(18,1)	(49,2)	(60,1)	(42,2)	(72,1)
task6	task7	task8	task9	task10
(39,4)	(48,1)	(54,1)	(81,1)	(57,1)
task11	task12	task13	task14	task15
(52,1)	(47,1)	(34,2)	(62,1)	(50,2)
task16	task17	task18	task19	task20
(27,4)	(67,1)	(88,1)	(45,2)	(92,2)

　　此外，为了减小实验误差，本实验将各算法独立运行 10 次，最终结果取其均值，如图 3-6 所示。实验结果分析：从图 3-6 中可以发现，在虚拟机数量不变的情况下，随着云任务数量的增长，所花费的时间增长幅度较大。当任务数量很小时，RR 算法、Min-min 算法、DE 算法、IDE 算法的差别不大，但随着任务量的增长，RR 算法所需时间急剧增多，Min-min 算法和 DE 算法所需时间的增长较为缓和，IDE 算法相对最优，这说明在任务量越大的情况下，IDE 算法在资源分配方面的性能越优。

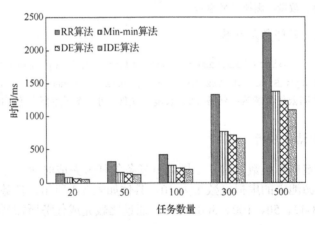

图 3-6　给定虚拟机数量时，不同数量任务的任务完成时间

　　（2）给定任务数量时，不同数量虚拟机的任务完成时间

　　设定任务数量为 100，随机产生 2、5、8、12、20 个具有不同性能的虚拟机，利用 RR 算法、Min-min 算法、DE 算法及 IDE 算法进行资源分配，比较完成任务所需要的时间。为了减小实验误差，将各算法独立运行 10 次，最终结果取其均值，如图 3-7 所示。

从表 3-6 可知，通过负载标准差可以发现，RR 算法在负载均衡方面远不如其他 3 种算法。不同云任务数量在固定量虚拟机上分配时的负载标准差如图 3-9 所示。从图 3-9 可知，当任务较少时，Min-min、DE、IDE 这 3 种算法的负载标准差相差不大，随着任务数量的增多，可以发现，IDE 算法的负载标准差要小于 Min-min 算法和 DE 算法。至此，我们可以得出结论，IDE 算法在负载均衡方面相对最优，解决了实验（3）中的疑问。

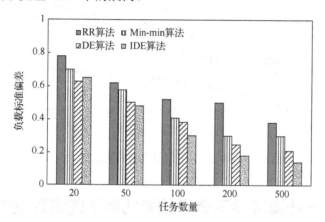

图 3-9　不同云任务数量在固定量虚拟机上分配时的负载标准差

（5）相对满意度比较

图 3-10 为相对满意度与负载标准差、时间的关系图，S 的取值范围是$(0,1)$，如纵坐标所示。相对满意度越高，则 S 值越大。由图 3-10 可知，完成任务时间越长，相对满意度越低，反之则越高；负载标准差越小，相对满意度越大，反之则越小。

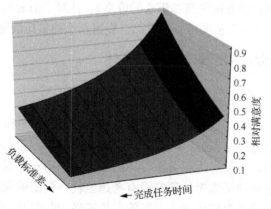

图 3-10　相对满意度与负载标准差、时间的关系

设定虚拟机数量为 10，云任务总数为 20、50、100、300、500，根据式（3-15），计算 4 种算法的用户满意度。实验结果如图 3-11 所示，可见 IDE 算法比其他 3 种算法的用户满意度高。

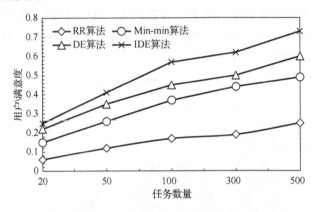

图 3-11　4 种算法的相对满意度

3.2 云计算环境下基于帕累托最优的资源定价模型

3.1 节主要介绍了基于改进差分进化的资源分配策略，主要考虑的是时间和负载方面的因素。在云服务环境中，对于资源分配而言，价格因素也是要考虑的关键因素。因为价格能够反映用户与云服务提供商之间的供求关系，这对于进一步有效优化资源分配有着积极的作用，更优化的资源分配也势必会使价格更加趋于理想价格（即用户和云服务提供商都满意的价格）。针对当前云资源分配中的资源定价问题，本节以研究虚拟机的定价为基础，提出基于帕累托最优的资源定价模型。

3.2.1 云计算环境下资源定价模型概述

1. 定价模型的意义

用户和云服务提供商对价格的期望是矛盾的。用户希望价格低，完成任务的同时降低自己的费用支出；云服务提供商则希望价格高，从而获得更多的利润[5-6]。当前对动态定价的研究仅考虑单方面，不能综合考虑用户需求及云服务提供商的利润。例如，满足用户满意度的研究没有考虑能耗、资源的利用率等问题。许多理论上能让云服务提供商达到最大利润的定价策略，对用户而言都是被动接受的，并没有把用户这一方面的因素考虑进去，这样的定价策略从用户满意度而言，较难被用户认可。本节结合云计算环境下资源定价现状研究，针对当前研究工作中的不足，提出基于帕累托最优的资源定价模型。

本节通过引入市场经济中的博弈论知识，将这种价格矛盾转化为用户满意度与云服务提供商利润间的博弈，最终实现均衡-帕累托最优；构造的基于帕累托最优的资源定价模型，在引入帕累托最优相关理论的基础上，证明了多种资源分配给多个任务存在帕累托最优状态，并从时间、收益、用户满意度等多个方面进行仿真实验的比对。

2. 相关概念

云计算平台上有 n 个虚拟机，用户共提交 m 个任务，并且每个任务 L_i 分别有 l_i 个子任务。资源分配的最终结果可看作一个 m 行 n 列的非负矩阵 A。矩阵的行表示任务，矩阵的列表示虚拟机，矩阵元素 a_{ij} 表示任务 L_i 分配到资源 r_j 上的数量。a_i 表示矩阵 A 的第 i 行，则满足下式：

$$\sum_{j=1}^{n} a_{ij} = l_i \qquad (3\text{-}16)$$

式中，$i \in \{1,2,3,\cdots,m\}$；$j \in \{1,2,3,\cdots,n\}$；a_{ij} 的取值为 0 或 1。当任务分配到虚拟机上时，$a_{ij}=1$，否则为 0。

根据分配矩阵 A 可以推导出完成任务的时间矩阵 T，其元素为 t_{ij}，表示虚拟机 j 完成任务 L_i 中子任务所用的时间。t_i 是时间矩阵 T 的第 i 行向量，任务 L_i 完成的时间为子任务中最大完成时间 $\max\{t_{ij}\,|\,t_{ij} \in t_i\}$。

1）云服务提供商提供不同的虚拟机，其运行所需的成本也不相同，完成任务 L_i 的成本计算式为

$$\text{cost}_i = \sum_{j=1}^{n} t_{ij} \cdot c_j \qquad (3\text{-}17)$$

式中，c_j 为云中虚拟机 j 单位时间的运行成本。

2）从动态改变利润的角度，对任务进行报价，单位价格为

$$\text{price}_i = \text{cost}_i \times \sqrt{\left(1 + \frac{r\_used}{r\_all}\right) + \left(1 + \frac{t}{t\_d - t\_b}\right)} \qquad (3\text{-}18)$$

式中，cost_i 所乘的为利润系数，由当前的资源使用占比和用户提交任务的紧迫程度共同决定；r_used 为已被分配的虚拟机的 CPU 和内存使用量；r_all 为全部虚拟机所拥有的 CPU 和内存总量；t 为任务完成所需的时间，t_d 为任务完成截止时间，

t_b 为任务提交时间。

3）用户满意度为

$$S_i = S_0 - (1-\varphi) \cdot price_i - \varphi \cdot time_i \qquad (3\text{-}19)$$

式中，S_0 为初始满意度；$time_i$ 代表自用户提交任务至完成所需的时间；φ 为权重系数，代表着用户对价格方面和时间方面的不同需求偏好。

4）云服务中虚拟机 j 创造的利润 $profit_j$ 为

$$profit_j = \sum_{i=1}^{m}(t_{ij} \cdot price_i - cost_i) \qquad (3\text{-}20)$$

5）将任务和虚拟机视为博弈的参与者，分配矩阵 **A** 作为所有参与者的博弈策略信息。所以，动态定价的问题转化为最大效用的求解，即

$$Max\ U = \omega_s \sum_{i=1}^{m} S_i + \omega_p \sum_{j=1}^{n} profit_j \qquad (3\text{-}21)$$

式中，ω_s 和 ω_p 分别为用户满意度和总利润的权重系数，且 $\omega_s + \omega_p = 1$。此外，任务 L_i 需在截止时间前完成，式（3-21）还需满足限制条件，即式（3-16）。

3.2.2　基于帕累托最优的资源定价模型

通过用户和云服务提供商之间的博弈，寻求博弈均衡，建立基于帕累托最优的资源定价模型。在模型中，云中心将云服务提供商提供的基础设施通过虚拟化整合成资源池，资源池中是不同的虚拟机；用户提交任务，形成任务集合。云中心使用混合搜索算法探寻帕累托最优，给出合理定价。其中，混合搜索算法（particle swarm optimization Cuckoo search，PSOCS）是由粒子群优化（particle swarm optimization，PSO）算法和布谷鸟搜索（Cuckoo search，CS）算法相结合而成的，两种算法介绍如下：

PSO 算法是一种进化算法[7]，该算法收敛速度较快，但容易陷入局部最优。CS 算法是由 Yang 和 Deb 于 2009 年在群体智能技术的基础上提出的一种新的启发式算法[8]，该算法引入一些鸟类的飞行机制——莱维飞行（Levy flight），并模拟布谷鸟的产卵活动演化而来。CS 算法主要包含全局搜索和局部游走两大部分，全局搜索由 Levy 飞行决定，具有较强的随机性和对解空间的探索性；从全局搜索到局部游走的转换是由参数控制的，CS 算法的高随机性使得其在最优解附近时，搜索效率较低，整体而言算法收敛速度较慢。

将 CS 算法的局部游走过程用 PSO 算法代替，保持搜索的随机性，提高在最优解附近的搜索效率，加快向最优解收敛的速度；同时，由于 CS 算法的随机淘汰机制的存在，可以较好地避免算法过早进入局部最优，改善算法性能。具体步骤如下：

1. 初始化

初始化最大迭代次数为 Max D，鸟巢的规模为 N，随机初始化鸟巢的位置：

$$X(g) = (x_1(g), x_2(g), \cdots, x_N(g)) \tag{3-22}$$

式中，$X(g)$ 代表第 g 代鸟巢群；$x_i(g)$ 表示第 g 代的第 $i(i \in \{1,2,\cdots,N\})$ 个鸟巢，g 的初始值为 0。在初始鸟巢群中随机选择 $x_i(g)$ 赋值给初始个体最优 $x_{\text{best}}(g)$ 和群体最优 G_{best}。

2. 位置更新

将粒子群算法应用于布谷鸟算法的局部游走部分，鸟巢群即为粒子群。根据粒子群算法，$x_i(0)$ 的初始速度为 $v_i(0)$，ω_{max} 为权重上限，ω_{min} 为权重下限，更新粒子速度：

$$v_i(g+1) = \omega v_i(g) + \mu \gamma_1 (x_{\text{best}}(g) - x_i(g)) + \rho \gamma_2 (G_{\text{best}} - x_i(g)) \tag{3-23}$$

式中，μ、ρ 为加速因子；γ_1、γ_2 为区间 $(0,1)$ 内的随机数；ω 为权重系数，计算式为

$$\omega = \omega_{\text{max}} - (\omega_{\text{max}} - \omega_{\text{min}}) \cdot \frac{g}{\text{Max}D} \tag{3-24}$$

位置更新计算式为

$$x_i^*(g) = x_i(g) + v_i(g+1) \tag{3-25}$$

根据式（3-21）计算 $x_i^*(g)$ 的效用，若结果大于 $x_i(g)$ 的效用，则更新位置，即 $x_i(g) = x_i^*(g)$；否则位置不变。

3. 淘汰与选择

对 $X(t)$ 中每个鸟巢 $x_i(t)$ 均随机赋值一个淘汰概率 r_i，赋值服从均匀分布，并与发现概率 P 进行比较，如式（3-26）所示：

$$x_i(g+1) = \begin{cases} x_i(g), & r_i \leqslant P \\ x_i(g) + \alpha \otimes L(s, \lambda), & \text{其他} \end{cases} \tag{3-26}$$

式中，α 为步长缩放因子；符号 $\otimes$ 代表点对点乘法；$L(s, \lambda)$ 为 Levy 飞行，其中 s 为步长，λ 为 Levy 指数。

4. 迭代

将 $X(g+1)$ 中每个鸟巢根据式（3-22）计算效用，对应位置若大于 $X(g)$ 中的

鸟巢效用，则位置不变；否则位置更新。同时更新个体最优 $x_{best}(g)$ 和群体最优 G_{best}。

判断是否达到循环终止要求，若满足则输出最优鸟巢位置；否则，$g=g+1$，跳转到"2. 位置更新"。

算法流程是博弈寻求均衡的过程，即达到帕累托最优的过程。首先，算法中的初始化是对所有博弈参与者的分配信息的初始化；其次，算法的迭代过程与选择，是在不停地进行帕累托改进；最后，迭代终止，算法输出结果，即达到帕累托最优。

3.2.3 帕累托最优状态的存在证明

基于博弈论与帕累托最优相关知识，本节分两步，在考虑多种资源分配给多个任务时，选择以价格为核心因素的分配机制，对该分配机制是否存在帕累托最优进行如下抽象化证明。

证明 1： 两种不同类型的资源分配给 m 个任务时存在帕累托最优。

已知有两种资源和 m 个任务，$R_{ij}(i\in\{1,2,\cdots,m\},j\in\{1,2\})$ 表示资源 j 分配给任务 i。两种资源的总量分别为 R_{D1} 与 R_{D2}，且满足：

$$R_{11}+R_{21}+\cdots+R_{m1}\leqslant R_{D1}$$
$$R_{12}+R_{22}+\cdots+R_{m2}\leqslant R_{D2}$$

以任务 1 为例，求任务 1 的最大效用 Max U_1（即帕累托最优）。引入拉格朗日乘数法[9]，构造拉格朗日函数如下：

$$L=U_1(R_{11},R_{12})+\sum_{i=2}^{m}\lambda_i\left[U_i(R_{i1},R_{i2})-\bar{U}_i\right]+\mu_1\left(\sum_{i=1}^{m}R_{i1}-R_{D1}\right)+\mu_2\left(\sum_{i=1}^{m}R_{i2}-R_{D2}\right)$$

式中，$\bar{U}_i(i\in\{2,3,\cdots,m\})$ 表示任务 i 的平均效用需求，即资源的需求量和对该需求量有影响的各因素间的关系。λ_i、μ_1、μ_2 为常数，在不同问题中的取值不同，一般不为 0。为求 Max U_1，对函数 L 分别进行 R_{11} 到 R_{m1} 的求偏导，且令偏导为 0，有

$$\frac{\partial L}{\partial R_{11}}=\frac{\partial U_1}{\partial R_{11}}+\mu_1=0$$

$$\frac{\partial L}{\partial R_{21}}=\lambda_2\frac{\partial U_2}{\partial R_{21}}+\mu_1=0$$

$$\vdots$$

$$\frac{\partial L}{\partial R_{m1}}=\lambda_m\frac{\partial U_m}{\partial R_{m1}}+\mu_1=0$$

同理，对 R_{12} 到 R_{m2} 进行求导：

$$\frac{\partial L}{\partial R_{12}}=\frac{\partial U_1}{\partial R_{12}}+\mu_2=0$$

$$\frac{\partial L}{\partial R_{22}} = \lambda_2 \frac{\partial U_2}{\partial R_{22}} + \mu_2 = 0$$

$$\vdots$$

$$\frac{\partial L}{\partial R_{m2}} = \lambda_m \frac{\partial U_m}{\partial R_{m2}} + \mu_2 = 0$$

所以，可得

$$\frac{\dfrac{\partial U_1}{\partial R_{11}}}{\dfrac{\partial U_1}{\partial R_{12}}} = \frac{\dfrac{\partial U_2}{\partial R_{21}}}{\dfrac{\partial U_2}{\partial R_{22}}} = \cdots = \frac{\dfrac{\partial U_m}{\partial R_{m1}}}{\dfrac{\partial U_m}{\partial R_{m2}}}$$

即

$$\mathrm{MRS}_1 = \mathrm{MRS}_2 = \cdots = \mathrm{MRS}_m$$

也就是说，每个任务的边际替代率相同，此条件表示两种资源分配到多个任务时存在帕累托最优。

证明 2：n 种资源分配到 m 个任务时存在帕累托最优。

已知有 n 种资源和 m 个任务，n 种资源的总量为 R_{Dj} 且满足：

$$R_{1j} + R_{2j} + \cdots + R_{mj} \leqslant R_{Dj}$$

求 Max U_1，构造拉格朗日函数如下：

$$L = U_1(R_{11}, R_{12}, \cdots, R_{1n}) + \sum_{i=2}^{m} \lambda_i \left[U_i(R_{i1}, R_{i2}, \cdots, R_{in}) - \bar{U}_i \right] + \sum_{j=1}^{n} \mu_j \left(\sum_{i=1}^{m} R_{ij} - R_{Dj} \right)$$

对上式中各资源变量 $R_{1j}, R_{2j}, \cdots, R_{mj}$ 求偏导，令偏导为 0，当 $j=1$ 时，有

$$\frac{\partial L}{\partial R_{11}} = \frac{\partial U_1}{\partial R_{11}} + \mu_1 = 0$$

$$\frac{\partial L}{\partial R_{21}} = \lambda_2 \frac{\partial U_2}{\partial R_{21}} + \mu_1 = 0$$

$$\vdots$$

$$\frac{\partial L}{\partial R_{m1}} = \lambda_m \frac{\partial U_m}{\partial R_{m1}} + \mu_1 = 0$$

同理，当 $j=2 \sim n-1$ 时，均可求出偏导，这里不一一表述。当 $j=n$ 时，有

$$\frac{\partial L}{\partial R_{1n}} = \frac{\partial U_1}{\partial R_{1n}} + \mu_n = 0$$

$$\frac{\partial L}{\partial R_{2n}} = \lambda_2 \frac{\partial U_2}{\partial R_{2n}} + \mu_n = 0$$

$$\vdots$$

$$\frac{\partial L}{\partial R_{mn}} = \lambda_m \frac{\partial U_m}{\partial R_{mn}} + \mu_n = 0$$

所以，可得

$$\frac{\partial U_1}{\partial R_{11}} = \lambda_2 \frac{\partial U_2}{\partial R_{21}} = \cdots = \lambda_m \frac{\partial U_m}{\partial R_{m1}}$$

$$\frac{\partial U_1}{\partial R_{m1}} = \lambda_2 \frac{\partial U_2}{\partial R_{m2}} = \cdots = \lambda_m \frac{\partial U_m}{\partial R_{mn}}$$

即

$$\frac{\dfrac{\partial U_1}{\partial R_{11}}}{\dfrac{\partial U_1}{\partial R_{1j}}} = \frac{\dfrac{\partial U_2}{\partial R_{21}}}{\dfrac{\partial U_2}{\partial R_{2j}}} = \cdots = \frac{\dfrac{\partial U_m}{\partial R_{m1}}}{\dfrac{\partial U_m}{\partial R_{mj}}}, \quad j \in \{2,3,\cdots,n\}$$

亦即

$$\mathrm{MRS}_1 = \mathrm{MRS}_2 = \cdots = \mathrm{MRS}_m$$

上式表明：n 种资源分配给 m 个任务，其边际替代率都相等，表明若增加一个任务的收益必定会降低另一个任务的收益，则此时的状态为帕累托最优均衡。

综上所述，多种资源分配给多个任务时存在帕累托最优，表明所提出的基于帕累托最优的资源定价模型是可靠且合理的。

3.2.4 实验设计与分析

基于云计算仿真工具 CloudSim 进行模拟实验。通过采用不同的实验方案，反复多次试验后，验证基于帕累托最优的资源分配定价模型的有效性和优越性。为验证提出的动态（dynamic）定价策略的有效性，将其与固定（static）定价策略[10]进行比对。固定定价策略为用户按使用量付费，是当前主流的、应用较为广泛的定价策略。实验参数如表 3-7 所示。

表 3-7 实验参数

参数	参数描述	参数取值
φ	式（3-19）中的权重系数	0.35
S_0	式（3-19）中的初始满意度	1
ω_s	式（3-21）中的满意度权重系数	0.4
ω_p	式（3-21）中的利润权重系数	0.6
N	鸟巢群规模	15

续表

参数	参数描述	参数取值
Max D	最大迭代次数	1000
ω_{max}	式（3-23）中的权重上限	0.9
ω_{min}	式（3-23）中的权重下限	0.4
μ	个体加速因子	2
ρ	群体加速因子	2
P	发现概率	0.25
α	步长缩放因子	0.1
s	步长	1
λ	Levy 指数	1.2

实验1 关于用户满意度的比较

设定有 10 个用户，共提交 30 个任务，云服务中心有 4 个虚拟机用于完成用户的任务，通过仿真实验，对比完成任务时用户的满意度。实验结果如图 3-12 所示。

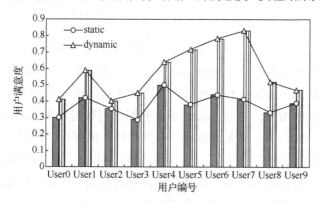

图 3-12　用户满意度对比图

实验结果分析：从图 3-12 中可以观察到，整体来看，动态定价策略的用户满意度明显高于固定定价策略，除 User2 的满意度两者相近外，其他均有明显差距。具体分析来看，在固定定价策略下，各用户满意度均在 0.4 上下浮动，且多数低于 0.4；在动态定价策略下，满意度基本在 0.4 以上，且部分用户对任务完成情况会有较高的满意度（如 User6、User7），说明动态定价策略能够更好地满足用户需求，使得云服务提供商在未来竞争中能够收获更多的客户。

实验2 关于云服务提供商利润的比较

设定有 100 个待完成的任务，分配不同的虚拟机数量，对比固定定价策略和所提出的基于动态定价策略下云服务提供商所获得的利润情况，实验结果如图 3-13 所示。

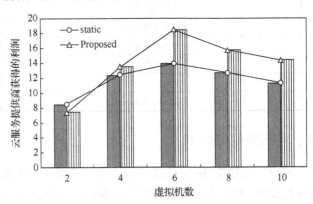

图 3-13　固定任务数时不同虚拟机数情况下的利润

实验结果分析：如图 3-13 所示，由于本实验的任务数固定为 100，当虚拟机数量较少时，所提出的方法（Proposed 方法）会稍逊于固定定价策略，或者相对来说只有微弱优势，出现这种情况是因为当前市场供求关系不平衡，供小于求，随着虚拟机数量的增多，用 Proposed 方法获得的利润明显大于固定定价策略。但虚拟机数量较多时，由于任务数固定，会产生较多的能耗，所以利润相对有所下降。虚拟机数量由少变多的过程，可以类似地看作市场供求关系的变化，Proposed 方法通过利润可以体现出市场的供求关系，且利润高于固定定价策略，所以从实际运用意义来讲能更好地适应真实生活中的云服务市场。

另外，还可以设置类似实验，从另外一个角度来说明 Proposed 方法的优越性。设定虚拟机数量为 5，用户数分别为 10、20、50、80、100，对比固定定价策略和动态定价策略下云服务提供商所获得的利润情况。实验结果如图 3-14 所示。

实验结果分析：从图 3-14 中可以发现，在为云服务提供商获取利润方面，Proposed 方法总体上是优于固定定价策略的。用户数为 10 时，利润少于固定定价策略，是因为虚拟机数量固定，定价机制决定了价格会较低，所以利润方面低于固定定价策略，但这会使用户获得较高的满意度，使得云服务提供商在市场中有着较强的竞争力。当用户数慢慢增多时，Proposed 方法会优于固定定价策略，且优势会越来越明显。当用户数为 100 时，相对于用户数为 80 时 Proposed 方法反而利润下降，这是为了保持较高的用户满意度的结果，同时这里可以反映出市场的供需状况，有利于云中心对虚拟资源进行调控，更好地把控资源市场。

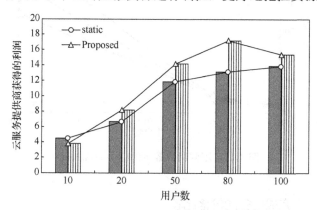

图 3-14　固定虚拟机数时不同用户数情况下的利润

关于时间和价格方面的实验，结合研究现状，还将与只用粒子群算法来寻找帕累托最优的方法（pso_pm）做对比实验，并且为降低实验的不可控因素对结果的影响，各实验均独立运行多次取结果的平均值。

实验3　关于完成任务所花费时间的比较

设定虚拟机数量为 5，用户数分别为 10、20、50、80、100，比对固定定价策略、基于粒子群算法所达到的帕累托最优及 Proposed 方法在不同用户情况下完成任务所花费的时间如图 3-15 所示。从图 3-15 中可以发现，随着用户数的增多，不同的定价策略下完成任务所需的时间都有所增长，这是因为随着用户数的增多，任务请求量也随之增多，完成任务的时间自然也随之增长。但固定定价策略是 3 种方法中最慢的，所花费的时间远多于其他两种方法；pso_pm 方法在用户数较小时与 Proposed 方法几乎无差别，但随着用户数的增多，Proposed 方法的优势越来越明显，且增幅相对较小。这说明 Proposed 方法在用户数或任务请求量较大时，能够更好地、合理地分配资源，较快地完成任务，使得用户更为满意。

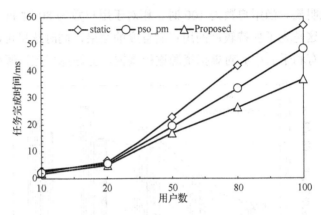

图 3-15　不同用户数下的任务完成时间

实验4　关于完成任务的价格比较

设定虚拟机数量为 5，用户数分别为 10、20、50、80、100，对比固定定价策略、基于粒子群算法所达到的帕累托最优及 Proposed 方法在不同用户数下的交易价格，如图 3-16 所示。图 3-16 表明了在用户数不断增大的情况下，3 种定价方法下用户交易的总价格。当用户较少时，3 种方法区别不是很明显，固定定价策略的价格略高，但随着用户数和任务数的增加，三者差距逐渐变大，其中以固定定价策略为最高，且价格的增长与用户数的增长几乎呈线性关系；在定价策略的价格中，Proposed 方法是一直优于 pso_pm 方法的。所以，所提出的定价策略是有效且较优的。

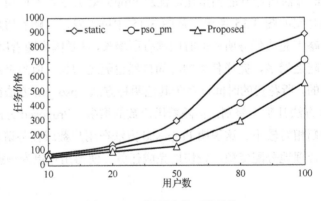

图 3-16　不同用户数下的价格

3.3 总结与展望

3.3.1 本章小结

本章对云计算环境下的资源分配和定价进行了相关深入研究，目的是设计出一个更优化的适用于云环境的资源分配和定价模型，主要工作如下：

1）介绍了云计算的特点和体系结构，对现阶段的研究现状进行总结，通过总结发现，现存的资源分配模型大多只单纯考虑云服务提供商，或者只关注于用户，不能对二者进行综合考虑；此外，在用户付费使用云资源的过程中，也只考虑时间或负载等单一条件，没有综合考虑对多个目标的实现及动态定价。

2）提出了基于改进差分进化算法的资源分配策略，从时间和负载比两个方面做出优化，当用户提交任务请求时，模型能够给出合理的资源配置方案；通过改进算法中的变异和交叉操作，使得算法有着较快的收敛速度且不容易陷入局部最优；最后通过仿真实验，从任务完成总时间和负载均衡两大方面做出对比，说明了模型的有效性，缩短了完成任务的时间，优化了云服务资源的负载均衡，提高了用户满意度和资源利用率。

3）设计了基于帕累托最优的资源定价模型，将经济学中的帕累托最优理论运用到云计算环境下的资源分配定价问题中，使用户和云服务提供商进行博弈，通过混合搜索算法使得两者达到帕累托最优状态。实验证明，在用户满意度、任务完成时间、交易价格、云服务提供商所获得的利润等方面，本章所提出的定价模型是有效且优于固定定价策略的，可使用户与云服务提供商间的价格矛盾转化为满意度与利润间的双赢。

3.3.2 研究工作展望

本章针对云计算环境下服务资源的分配和定价进行了研究，但仍然存在一些不足需要在将来进行进一步研究。

1）综合考虑时间、负载、价格甚至能耗等因素建立更加健全和实用的资源分配与定价模型。

2）云计算作为新兴的商业模型，在一定程度上也遵循市场发展的经济规律。本章进行云服务资源分配与定价的研究时没有考虑到一些特殊情况。例如，云服务提供商存在恶意竞争，这可能会导致云服务资源价格被恶意抬高或压低。未来研究中将会针对可能出现的恶意竞争进行资源分配前的过滤，以保证用户和云服务提供商的效益。

3）云服务资源分配与定价模型，在实际应用中往往面临着更加复杂的情况。为了更好地将本章模型与实际运用相关联，可在真实的云环境下模拟运行，以更好地优化本章所提出的模型。

参 考 文 献

[1] SONG J, LI T T, YAN Z X, et al. Energy-efficiency model and measuring approach for cloud computing[J]. Journal of Software, 2012, 23(2): 200-214.

[2] 方义秋, 郑剑, 葛君伟. 一种云环境下基于 QoS 约束的资源分配策略[J]. 计算机应用与软件, 2015, 32（1）: 34-38.

[3] HSIEH F S. Ridesharing based on a discrete self-adaptive differential evolution algorithm[C]//2020 11th IEEE Annual Information Technology, Electronics and Mobile Communication Conference, Vancouver, BC, Canada: IEEE, 2020: 696-700.

[4] 查英华, 杨静丽. 云计算仿真平台 CloudSim 在资源分配研究中的应用[J]. 软件导刊, 2012, 11（11）: 57-59.

[5] SINGH S, ST-HILAIRE M. Prediction-based resource assignment scheme to maximize the net profit of cloud service providers[J]. Communications and Network, 2020, 12(2): 74-97.

[6] WANG S, LI X P, SHENG Q Z, et al. Multi-queue request scheduling for profit maximization in IaaS clouds[J]. IEEE Transactions on Parallel and Distributed Systems, 2021, 32(11): 2838-2851.

[7] NGUYEN T, NGUYEN V H, NGUYEN X H. Comparing the results of applying DE, PSO and Proposed Pro De, Pro PSO algorithms for Inverse Kinematics problem of a 5-DOF scara robot[C]//2020 International Conference on Advanced Mechatronic Systems (ICAMechS), Hanoi, Vietnam: IEEE, 2020: 45-49.

[8] YANG X S, DEB S. Cuckoo search via lévy flights[C]//2009 World Congress on Nature & Biologically Inspired Computing (NaBIC), Coimbatore, India IEEE, 2009: 210-214.

[9] 邵文凯, 阮杰昌. 微积分[M]. 重庆: 重庆大学出版社, 2015.

[10] LEE Y C, WANG C, ZOMAYA A Y, et al. Profit-driven service request scheduling in clouds[C]//IEEE/ACM International Conference on Cluster, Cloud and Grid Computing, Melbourne, VIC, Australia: IEEE, 2010: 15-24.

第 4 章

云计算环境下云服务故障检测模型与算法

4.1 云计算环境下基于 Grid-SVM 的故障检测模型及其评估更新策略

基于 Grid-SVM 的故障检测模型及其评估更新策略，利用相关检测数据能够了解云系统运行状态，从而在云故障发生前及时找到处理措施。由于云系统结构复杂、动态变化，云故障检测面临着效率不高和精度低的问题。为提高云环境下云故障检测的效率和准确性，分析了基于 Grid-SVM 的故障检测模型，该模型根据相似性和 PCA 方法选取云系统的监控参数，以进行参数降维，并结合 Grid 对 SVM 的参数进行优化。基于该模型进行预测评估，以预测故障发生的概率。在故障发生后，将故障样本更新到故障样本库中，以提高样本空间大小，进而提高预测准确率。

4.1.1 基于 Grid-SVM 方法构建云故障预测模型

基于 Grid-SVM 方法构建云故障预测模型的检测流程如图 4-1 所示。

图 4-1 中的主要步骤解释如下：

1）采集监控系统参数数据集。

2）对收集的参数数据集进行线性及 PCA 方法降维，以降低数据复杂度和提高模型效率。

3）通过低复杂度数据集构建基于 SVM 的云故障预测模型，采用 Grid 对 SVM 参数 c 及 g 进行优化。

4）模型加入云故障概率评估策略和云故障预测模型更新策略。

5）云故障模型预测达到预定阈值，则停止优化。

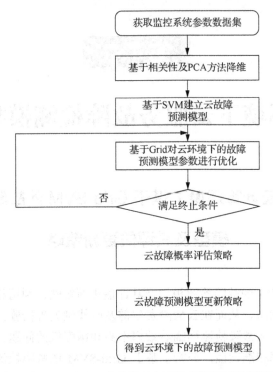

图 4-1　基于 Grid-SVM 方法构建云故障预测模型的检测流程

1. 检测参数的选择

云环境下所监控的参数如果全部用于模型计算，则势必会增加系统开销，因此在精确度符合要求的情况下，有必要对参数进行合理的选择。由于云系统资源被监测的部分参数具有一定的相关性，利用皮尔逊相关系数（Pearson correlation coefficient）来处理参数间的线性相关性，以通过一个参数来代表与其线性相关的参数，并在此基础上基于 PCA，通过一系列筛选后，由参数线性组合构造新变量，使得新变量在互不相关的条件下尽可能多地代表原参数信息。

令输入的监控参数数据为 $MD = \{d_1, d_2, \cdots, d_i, \cdots, d_n\}$：其中 $d_i = \{x_1, x_2, \cdots, x_i, \cdots\}$，$x_i$ 为监控参数值，n 为监控数据个数。选取谷歌数据集提供的 10 个参数：CPU 使用率、典型内存使用率、分配内存使用率、未映射的页面缓存的内存使用率、页面缓存内存使用量、平均磁盘输入/输出时间、平均本地磁盘空间、最大 CPU 使用率、最大磁盘输入时间。检测参数选择的过程如下。

1）原始参数标准化：为了避免原始参数由于量纲不同、数值过大而带来的影响，对原参数做标准化处理。

如果有 n 条监控数据，每条数据有 m 个属性，数据即可用 $n \times m$ 矩阵表示，即

$$X_{n \times m} = \begin{bmatrix} x_{11} & x_{12} & x_{13} & \cdots & x_{1m} \\ x_{21} & x_{22} & x_{23} & \cdots & x_{2m} \\ \vdots & \vdots & \vdots & & \vdots \\ x_{n1} & x_{n2} & x_{n3} & \cdots & x_{nm} \end{bmatrix} \qquad (4\text{-}1)$$

标准化处理参数数据生成标准参数矩阵 $Y_{n \times m}$，计算式为

$$y_{ij} = \frac{x_{ij}}{\sum\limits_{i=1}^{n} x_{ij}}, \quad 1 \leqslant i \leqslant n, \quad 1 \leqslant j \leqslant m \qquad (4\text{-}2)$$

2）计算参数之间的皮尔逊相关系数：一般皮尔逊相关系数绝对值越大，相关性越强。相关系数越接近于 1 或-1，相关度越强；相关系数越接近于 0，相关度越弱。表 4-1 所示为相关强度定义。

表 4-1　相关强度定义

相关系数阈值	相关强度
[0.8,1.0]	极强相关
[0.6,0.8]	强相关
[0.4,0.6]	中等程度相关
[0.2,0.4]	弱相关
[0.0,0.2]	无相关

若相关系数阈值选择过低，则会导致故障的误报。为提高云故障的预报准确性，阈值设为 0.8，即当两参数达到极强相关时，才认为是相关的。

舍去监控参数线性相关项如下：

标准化监控参数之间相关系数的计算式为

$$r_{jp} = \frac{\sum\limits_{i=1}^{n} \left(y_{ij} - \overline{y} \right) \left(y_{ip} - \overline{y_{ip}} \right)}{\sqrt{\sum\limits_{i=1}^{n} (y_{ij} - \overline{y})^2 (y_{ip} - \overline{y_{ip}})^2}} \qquad (4\text{-}3)$$

式中，$\overline{y} = \dfrac{\sum\limits_{i=1}^{n} y_{ij}}{n}$，$\overline{y_{ip}} = \dfrac{\sum\limits_{i=1}^{n} y_{ip}}{n}$，$1 \leqslant j$，$p \leqslant m$，$j, p \in \mathbf{N}^*$。

构建舍去矩阵 G，即

$$G[j][p]=\begin{cases}0, & r_{jp}\in[0.8,1]\\1, & r_{jp}\in[0,0.8)\end{cases} \qquad (4\text{-}4)$$

使用高斯消除法将 G 转换成 G'，例如：

$$G=\begin{bmatrix}0&1&0&1\\1&0&1&0\\0&1&0&1\\1&0&1&0\end{bmatrix}$$

进行高斯消除时，由于每行列都代表不同的意义，所以行列不可随意变动，G' 变换成如下所示：

$$G'=\begin{bmatrix}0&1&0&1\\1&0&1&0\\0&0&0&0\\0&0&0&0\end{bmatrix}$$

令 Z 为处理后的数据参数矩阵，定义为

$$Z=Y_{n\times m}\cap Q \qquad (4\text{-}5)$$

式中，$Q[i]=\begin{cases}0, & \forall j, G'[i,j]=0\\1, & G'[i,j]\neq 0\end{cases}$ （$1\leqslant j\leqslant m$，$1\leqslant i\leqslant n$，$i,j\in\mathbf{N}^*$），$Q[i]\in Q$。

$Y_{n\times m}$ 如果满足 $Q[i]=0$，则舍去列，如：

$$Y_{4\times 4}=\begin{bmatrix}y_{11}&y_{12}&y_{13}&y_{14}\\y_{21}&y_{22}&y_{23}&y_{24}\\y_{31}&y_{32}&y_{33}&y_{34}\\y_{41}&y_{42}&y_{43}&y_{44}\end{bmatrix}$$

以及 $Q=\begin{bmatrix}1\\1\\0\\0\end{bmatrix}$，则 $Z=Y_{4\times 4}\cap Q=\begin{bmatrix}y_{11}&y_{12}\\y_{21}&y_{22}\\y_{31}&y_{32}\\y_{41}&y_{42}\end{bmatrix}$。

3）利用 PCA 方法分析经过皮尔逊相关系数处理的参数，构造含有原参数尽可能多信息的新变量，减少参与模型计算的参数个数，从而在提高准确率的同时降低系统开销。采用 PCA 方法计算 Z 的过程如下：

根据 Z 协方差矩阵 $\sum\frac{Z^{\mathrm{T}}Z}{n-1}$，计算 $\sum\frac{Z^{\mathrm{T}}Z}{n-1}$ 的特征值 $\lambda_i(\lambda_1\geqslant\lambda_2\geqslant\cdots\geqslant\lambda_s\geqslant 0)$ 及特征值对应的特征向量 $p_i(i=1,2,\cdots,s)$，则 Z 的第 i 个主成分 $M_i=p_iZ$，主成

分 M_i 的贡献率 $a = \dfrac{\lambda_i}{\sum\limits_{j=1}^{s} \lambda_j}$，定义 $b = \dfrac{\sum\limits_{i=1}^{t} \lambda_i}{\sum\limits_{j=1}^{s} \lambda_j}$ 为主成分的累计贡献率。主成分个数由 b

决定，一般 $b > 95\%$。

2. 云计算环境下基于 Grid-SVM 的故障检测模型

云故障预测可以看作二分类问题，假设给定云样本训练集

$$T = \{(x_1, y_1), \cdots, (x_m, y_m)\}$$

式中，$x_i \in \mathbf{R}^n$，$y_i \in \{-1, +1\}$，$i = 1, 2, \cdots, m$，x_i 是云故障样本的特征向量，y_i 是云故障分类标记。SVM[1]把云故障预测问题转化为具有一定约束条件的二次规划求解问题，具体如下：

$$\min_a \frac{1}{2} \sum_{i=1}^{m} \sum_{j=1}^{m} y_i y_j K(x_i, x_j) \alpha_i \alpha_j - \sum_{i=1}^{m} \alpha_i$$

$$\sum_{i=1}^{m} y_i \alpha_i = 0, \quad 0 \leqslant \alpha_i \leqslant C, \quad i = 1, 2, \cdots, m \qquad (4\text{-}6)$$

式中，α_i、α_j 是拉格朗日乘子；$K(x_i, x_j)$ 是核函数；C 是对误差的宽容程度的系数。

式（4-6）的解为 $\boldsymbol{\alpha}^* = (\alpha_1^*, \cdots, \alpha_m^*)^{\mathrm{T}}$。云故障预测问题被转化成寻找最优超平面问题，其决策函数为

$$f(x) = \mathrm{sgn}\left(\sum_{i=1}^{m} y_i \alpha_i^* K(x_i, x) + b^* \right) \qquad (4\text{-}7)$$

构造 SVM 模型时，首先需要选择合适的核函数。满足 mercer[2]条件的函数可被用作 SVM 中的核函数，mercer 条件如下：

对于任意的对称函数 $K(x, x')$，当它是某个特征空间中的内积运算的充分必要条件时，对于任意的 $\varphi(x) \neq 0$ 且 $\int \varphi(x)^2 \mathrm{d}x < \infty$，有

$$\iint K(x, x') \varphi(x) \varphi(x') \mathrm{d}x \mathrm{d}x' \geqslant 0 \qquad (4\text{-}8)$$

通常使用的核函数包括线性核函数、多项式核函数 $K(x_i, x) = (x_i x + 1)^d$ 及径向基核函数（radial basis function，RBF）$\exp(-g\|x - cx'\|^2)$ 等，其中 RBF 可以逼近任意的非线性函数，处理系统内的难以解析的规律性，具有良好的泛化能力、快速的收敛速度且需要较少的确定参数个数，是较理想的分类依据函数，在满足精确度的同时，可以降低模型构建的复杂度，提高故障分析效率。选择 RBF 构造云故障预测模型。该预测模型需要惩罚参数 c 和 g，为了降低该模型的复杂度，基于 Grid 进行参数优化，如算法 4-1 所示。

算法 4-1　搜索算法

输入参数：c_{min}，c_{max}，g_{min}，g_{max}，step1，step2；

输出参数：c，g；

Begin

1	**For** $c=2\wedge(c_{min})$ to $2\wedge(c_{max})$; step1
2	**For** $g=2\wedge(g_{min})$ to $2\wedge(g_{max})$; step2
3	invoke acc(c, g)　/*调用 acc 函数计算准确率*/
4	Max=arg max{acc(c, g)};
5	**EndFor**
6	**EndFor**
7	**If** (Max> THRESHOLD)
8	Return c, g;
9	**Else**
10	增加新样本到样本库;
11	Goto 1;
12	**EndIf**

End

算法 4-1 可以视为从一个平面结构中找到最优参数 c 及 g。参数 c 及 g 的取值范围分别来自集合 $\{2^{-10}, 2^{10}\}$ 和 $\{2^{-10}, 2^{10}\}$，因此算法 4-1 中的 c_{min} 与 g_{min} 的值均为 2^{-10}，c_{max} 与 g_{max} 的值均为 2^{10}。

3. 云计算环境下云故障检测模型的评估策略

云计算环境下云故障检测模型的评估策略分成两个阶段，分别如下。

第一阶段故障评估：使用故障发生概率对故障进行预测，使用故障样本点与 SVM 超平面距离的远近定义故障发生概率，以预测检测的新样本点出现故障概率的大小。令 x 为检测样本点向量，A_1 表示模型第一阶段判断后的系统异常集合，B_1 表示第一阶段判断后的正常样本的集合。

第二阶段故障评估：经过第一阶段的评估后，由于超平面附近的正常样本点的摇摆性很大，如果这些样本点完全被认为是正常的样本，则可能导致很大的误报和漏报。因为这些样本点被认为发生故障的可能性比较大。为降低云故障的漏报率，需要进行第二阶段故障评估以提高云系统的稳定性。当求得超平面方程 [（式（4-7）] 后，计算故障分类概率：

$$P = \frac{|DV_i| / \|w\|}{\max\{|DV_i| / \|w\|\}} \tag{4-9}$$

式中，$w = \sqrt{2(dual\_obj + sum\_alpha)}$；$DV_i$ 为样本点 i 的决策值，利用 libSVM[3-4]

计算 DV_i。基于第一阶段的输出结果，第二阶段的评估策略实现过程如算法 4-2 所示。

算法 4-2　基于 SVM 的第二阶段故障评估算法

输入参数：DV[i], dual_obj, sum_alpha;　　 /* DV[i] 为样本点 i 的决策值*/

输出参数：1 或 0;　　 /*分别表示异常样本和正常样本*/

Begin

1　　 T= get records from feature database;

2　　 w=sqrt(2*(dual_obj+sum_alpha));

3　　 Dis[i]=DV[i]/w;

4　　 P=Dis[i]/max{Dis[i]};

5　　 **If** P<= λ

6　　　　 Return 1;

7　　 **Else**

8　　　　 Return 0;

9　　 **EndIf**

End

算法 4-2 的输入参数 DV[i]、dual_obj、sum_alpha 来自第一阶段的评估结果，是调用 libSVM 包产生的。算法 4-2 中给定了样本发生故障的概率阈值 λ，$\lambda \in (0,1)$，以决定这些样本点是否为故障样本。当 $P \leqslant \lambda$ 时，表示 i 样本为云故障；否则 i 样本为正常样本。用 A_2 表示第二阶段故障评估后异常样本的集合。

经过两阶段故障评估后，样本 x 的故障预测结果为

$$\begin{cases} 样本异常, & x \in A_1 \bigcup (B_1 \bigcap A_2) \\ 样本正常, & x \in (B_1 - A_2) \end{cases} \tag{4-10}$$

利用算法 4-2，进一步得到云故障预测的改良模型，如图 4-2 所示。

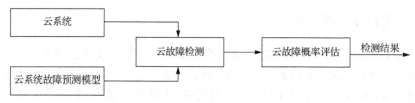

图 4-2　基于模型的云系统故障检测原理

图 4-2 增加了云故障概率评估模块，能够进一步提高云故障预测的准确性，以降低因云故障漏报而导致云系统的不稳定性。

4. 云环境下云故障检测模型的更新策略

在故障预测和故障评估之后，基于新样本对云故障预测模型进行新的训练，

以逐步提高预测模型的准确率和降低漏报率，具体过程如算法 4-3 所示。

算法 4-3　SVM 模型更新策略
输入参数：A_i, B_j;　/*A_i 为新的错误样本数量; B_j 为旧的错误样本数量*/
输出参数：NULL;

Begin
1　　S_d =0;
2　　**For** i=1 to K
3　　**For** j=1 to L
4　　　　$S_d = A_i \cdot B_j / (|A_i| \times |B_j|)$;
5　　　　**If**($S_d > \gamma$)　　/* γ 为阈值*/
6　　　　　　Break;
7　　　　**EndIf**
8　　　**EndFor**
9　　　**If** (S_d ==0)
10　　将样本 i 加入已有的故障样本库中;
11　　　**EndIf**
12　　**EndFor**
13　　基于扩充的故障样本库训练该模型;
End

在算法 4-3 中，A_i 表示云故障新样本点向量，B_j 表示云故障旧样本点向量，K 和 L 分别表示云故障新样本点向量总数和旧样本点向量总数。由于云故障发生概率远低于正常运行概率，考虑到要提高云故障检测率和降低系统开销，对云故障样本点执行以下策略：对云故障旧样本点与新样本点，用余弦向量相似度来计算两故障的差异性（见语句 4）。当两者的相似度比较低时，认为该新样本在样本库中不存在，因此，将该新样本加入样本库；否则若相似度过高，则认为是同样的故障样本。

4.1.2　实验设计与分析

使用谷歌公司公开的监控数据进行模拟实验。该数据集来自谷歌应用集群的监控数据，包含 12500 多台虚拟机，总共时长为 29 天，对数据进行采集，数据集总大小约为 40GB，其中包含了 CPU、内存等使用情况的监控数据。实验基于 MATLAB 2017a 平台，实验环境：①硬件——Intel Core i5、2.3GHz CPU，4GB 内存；②采用 libSVM-3.1 对预测模型进行训练验证，对数据集中的 CPU 使用率、内存使用率等 10 个数据参数进行分析。

根据 TOME 属性对各数据集云故障进行分类，在每个数据集中，TOME=1 表示样本发生故障，TOME=0 表示系统正常。为了缩短分类时间，在数据集中分别随机选取 500 个正常数据样本和 500 个故障数据样本。

为了验证预测模型能力，使用 5 折交叉验证法对模型进行验证，即把每个数据集均分为 5 份，再拿出 4 份做模型训练，剩下的 1 份用来做模型预测，用 5 次故障预测模型的结果均值当作对云故障预测模型性能的评价。

1. 参数处理

参数处理的相关实验结果如图 4-3～图 4-5 所示。

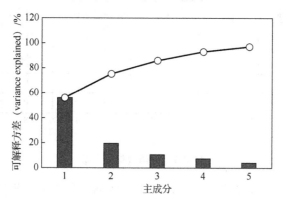

图 4-3　监控参数分析

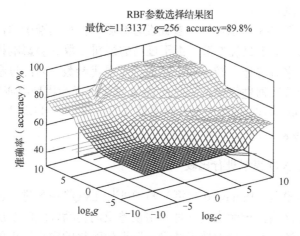

图 4-4　核函数最优参数（等高）

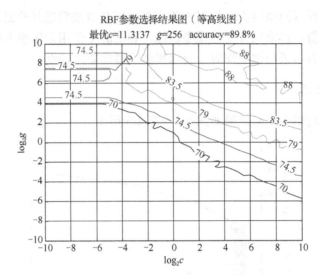

图 4-5　核函数最优参数

　　如图 4-3 所示，对谷歌数据集中的 10 个参数进行参数选择算法，发现 5 个参数数据已包含了全部信息的 95%，表明确保绝大部分信息的同时，达到降维的目标，从而降低其复杂度。

　　如图 4-4 和图 4-5 所示，不同参数设置会影响模型的准确率，搜索算法利用模型准确率比较，逼近最优参数，由于过高的惩罚参数 c 会影响模型准确率，因此达到相同准确率时选择 c 较小的，从而确定最优参数。对经过参数选择算法选择后的训练集参数数据进行建模，通过 Grid 选优法寻找模型中所需的两个参数 c 和 g，从其中确定训练集构建模型准确率最优的参数，$c = 11.3137$，$g = 256$ 时，准确率达到了 89.8%。

2.　与 BP、LVQ 模型进行比较

　　将所提出的模型（Proposed 模型）与 BP[5]、LVQ[6]模型进行比较。BP[5]是一种多层前馈神经网络，该网络是一种利用误差反向传播训练的多层网络，其基本思想是梯度下降法，利用梯度搜索技术，以期使网络的实际输出值和期望输出值的误差均方差为最小。LVQ[6]是一种用于训练竞争层的有监督学习方法的输入前向网络，其在模式识别和优化领域有着广泛的应用。SVM 相对于 BP、LVQ 而言，可以寻找到全局最优解，能避免维数灾难，同时收敛速度较快。

　　对于样本预测，样本面临如下 4 种情况：

正常样本被预测为正常样本，这样的样本数记为 NN。

正常样本被预测为故障样本，这样的样本数记为 NF。

故障样本被预测为正常样本，这样的样本数记为 FN。

故障样本被预测为故障样本，这样的样本数记为 FF。

准确率（accuracy）的计算式为

$$accuracy = \frac{NN + FF}{NN + NF + FN + FF}\%$$　　　　(4-11)

相关实验结果如图 4-6～图 4-8 所示。

如图 4-6 所示，为避免随机性影响结果，3 种模型通过 5 组实验，发现准确率数值上存在比较明显的差异。总体上，基于 BP 神经网络模型普遍比基于 LVQ 模型在预测准确率上高，基于 SVM 模型比基于 BP 神经网络模型和基于 LVQ 模型在预测准确率上普遍高，可以得出本节提出的预测模型相比其他故障模型准确率较高的结论。

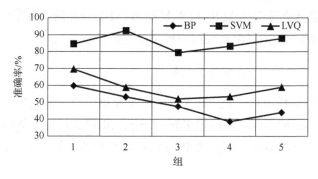

图 4-6　算法性能比较

时间耗费比较结果如图 4-7 和图 4-8 所示。

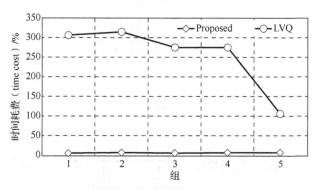

图 4-7　Proposed 模型与 LVQ 模型在时间耗费方面的比较

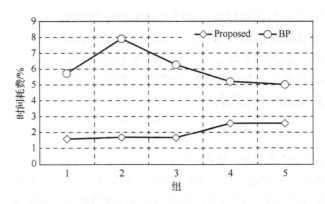

图 4-8　Proposed 模型与 BP 模型在时间耗费方面的比较

如图 4-7 和图 4-8 所示，通过对比 3 种模型的时间耗费发现，基于 LVQ 模型的时间耗费远高于基于改进型 SVM 模型及基于 BP 神经网络模型的建模耗时，而改进型 SVM 模型和基于 BP 神经网络模型的建模耗时接近。

3. 与传统的基于 SVM 模型进行比较

传统的 SVM 模型只是通过超平面对样本简单分类，缺乏模型更新能力。针对云故障检测实际应用问题及模型更新，Proposed 模型增加了故障概率评估策略和故障预测模型更新策略。因此将 Proposed 模型与传统的基于 SVM 的模型[7]进行实验比较。

除准确率外，还增加了其他 4 个测量指标：查准率（precision）、召回率（recall）、F-score 和 BAC-score，分别如式（4-12）～式（4-15）所示。

查准率：

$$\text{precision} = \frac{\text{FF}}{\text{NF} + \text{FF}}\%\qquad(4\text{-}12)$$

召回率：

$$\text{recall} = \frac{\text{FF}}{\text{FN} + \text{FF}}\%\qquad(4\text{-}13)$$

F-score：

$$\text{F - score} = \frac{2}{\dfrac{1}{\text{precision}} + \dfrac{1}{\text{recall}}}\%\qquad(4\text{-}14)$$

BAC-score：

$$BAC\text{-}score = \frac{Sen + Spe}{2}\% \qquad (4\text{-}15)$$

式中，Sen 表示灵敏度，Spe 表示故障检测的特异性，计算式分别为

$$Sen = \frac{FF}{FN + FF} \qquad (4\text{-}16)$$

$$Spe = \frac{NN}{NN + NF} \qquad (4\text{-}17)$$

相关实验结果如图 4-9～图 4-13 所示。

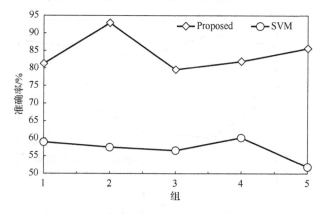

图 4-9　Proposed 模型与 SVM 模型准确率比较

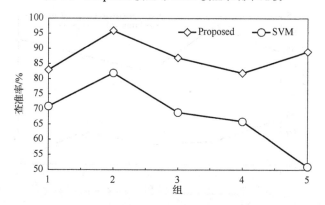

图 4-10　Proposed 模型与 SVM 模型查准率比较

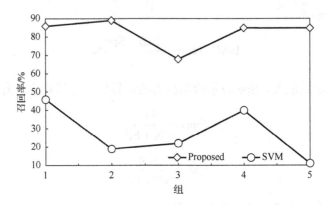

图 4-11 Proposed 模型与 SVM 模型召回率比较

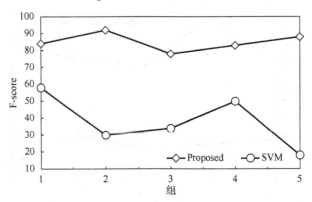

图 4-12 Proposed 模型与 SVM 模型 F-score 比较

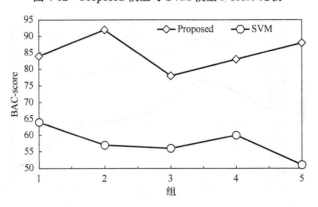

图 4-13 Proposed 模型与 SVM 模型 BAC-score 比较

从图 4-9～图 4-13 所示的实验结果分析可知，Proposed 模型由于进行了参数优化，以及增加了云故障评估策略和更新策略，在准确率、查准率、召回率、F-score 及 BAC-score 方面，性能均比 SVM 好。

4.2　云计算环境下基于混合策略的故障检测性能优化模型与算法

针对云计算环境下云服务性能检测的能耗，大量的检测会让云系统产生巨大的开销，如何在确保一定的云故障检测准确性的同时优化检测性能，成为急需解决的问题。由于基于固定周期的故障检测周期不合理，对于发生故障概率大的服务，需要调节其检测周期变短，否则，调节其检测周期变长，以提高故障预测的效用。基于混合策略建立一种故障检测的性能优化模型，该模型首先用决策树-SVM 求出故障发生的概率，判断故障概率的程度；其次计算故障概率程度并调节检测周期，从而使检测周期合理，在提高故障检测的针对性的同时降低其代价。

4.2.1　基于混合策略模型的云计算系统异常程度周期模型

本节通过混合策略模型，找到最优系统正常与系统异常分界的超平面，通过样本点与超平面距离计算概率，由异常概率大小判断异常程度。云计算系统异常与否可以看作二分类问题，假设给定云样本训练集 $T = \{(x_1, y_1), \cdots, (x_m, y_m)\}$，其中 $x_i \in \mathbf{R}^n$，$y_i \in \{-1, +1\}$，$i = 1, 2, \cdots, m$，x_i 是云故障样本的特征向量，y_i 是云故障分类标记。SVM[8]把云故障预测问题转化为具有一定约束条件的二次规划求解问题，采用 RBF 的 $\exp(-g\|x - cx'\|^2)$，由于 RBF 可以逼近任意的非线性函数，处理系统内难以解析的规律性，具有良好的泛化能力、快速的收敛速度，并且只需要较少的确定参数个数，是较理想的分类依据函数，在满足精确度的同时，可以降低模型构建的复杂度，提高故障分析效率。选择 RBF 构造云故障预测模型。该预测模型需要惩罚参数 c 和 g，为了降低该模型的复杂度，基于 PSO 算法网格进行参数优化，如算法 4-4 所示。

算法 4-4　基于 PSO 算法网格进行参数优化

输入参数：$c_{min}, c_{max}, g_{min}, g_{max}, N;$　　/*N 为种群规模*/

输出参数：g_{Best_i}；　　/* g_{Best} 为全局最优粒子位置*/

Begin

1　　**For** each particle i　　/*初始化规模为 N 个粒子*/

2　　　popc$_{max}$=2^{10}; popc$_{min}$=2^{-10}; popg$_{max}$=2^{10}; popg$_{min}$=2^{-10};/*c, g 变化范围*/

3　　　Initialize velocity V_i and position X_i for particle i;　　/*初始化在 c_{min}, c_{max}; g_{min}, g_{max} 二维范围 N 个粒子的随机

4　　　　　　　　　　　　　　　　　　　　　　　　　　　位置和速度*/

5　　　Evaluate particle i and set　p_{Best_i} =X_i;　　/* p_{Best_i} 为每个粒子的历史最优位置*/

6　　**EndFor**

7　　g_{Best} =min{ p_{Best_i} };　　/* g_{Best} 为全局最优粒子位置*/

8　　**For** i=1 to N

9　　　Update the velocity and position of particle i;

10　　　Evaluate particle i;　　/*每个粒子与其经过最好的位置 p_{Best_i} 比较*/

11　　**If** fit(p_{Best_i})<fit(X_i)

12　　　　　　p_{Best_i} =X_i;

13　　**EndIf**

14　　**If** fit(g_{Best})<fit(p_{Best_i})

15　　　　　g_{Best}= p_{Best_i} ;

16　　**EndIf**

17　　**EndFor**

18　　Return g_{Best};

End

　　算法 4-4 可以视为从一个平面结构中找到最优 g_{Best} 位置，其包含参数 c 及 g。参数 c 及 g 的取值范围分别来自集合 {2^{-10}, 2^{10}}、{2^{-10}, 2^{10}}，因此 c_{min} 与 g_{min} 的值均为 2^{-10}，c_{max} 与 g_{max} 的值均为 2^{10}。

　　本节采用决策树 C5.0[9]算法，较好地解决决策树经典启发式算法——ID3.0 算法在实际使用中存在的问题：①在熵的计算的基础上加上相应子树信息，采用信息增益率挑选对象属性，从而解决 ID3.0 中挑选属性的偏向问题；②在构建决策树过程中，剪枝和聚类同时进行；③能够对数据集缺失进行相应处理，训练模型的数据不一定都要被赋予一定的值，但是必须保证类型标识的唯一性。

　　决策树利用信息熵[10]对分类变量进行选取，本节将云故障数据属性信息量的期望值视为云故障属性数据出现的概率，从而云故障分类算法决策树通过其判断哪个分类变量所带的信息量较大。定义云故障属性变量信息量 $I(\mu_i)$ 为

$$I(\mu_i) = \log_2 \frac{1}{P(\mu_i)} = -\log_2 P(\mu_i) \tag{4-18}$$

云故障属性变量信息量是以 2 为底的对数形式，它的单位是比特（bit）。记属性变量信息 μ_i，$i \in \{1, 2, \cdots, r\}$ 的发生概率为 $P(\mu_i)$。故障属性变量信息熵的数学定义为

$$H(U) = \sum_i P(\mu_i) \log_2 \frac{1}{P(\mu_i)} = -\sum_i P(\mu_i) \log_2 P(\mu_i) \tag{4-19}$$

式中，U 为云故障样本数据集；$H(U)$ 为云故障样本数据集作为云故障决策树分类优化算法的熵；$P(\mu_i)$ 为分类中第 μ_i 个故障属性变量出现的概率，其中，云故障属性变量信息熵为 0 时，表示只存在唯一属性变量确定的可能性，如果 k 个云故障属性变量有相同的出现概率，即所有的 μ_i 有 $P(\mu_i) = \dfrac{1}{k}$，则云故障属性变量信息熵达到最大，表示不确定性最大。$P(\mu_i)$ 差别越小，云故障属性变量信息熵就越大；$P(\mu_i)$ 差别越大，云故障属性变量信息熵就越小。

定义云故障信息增益和云故障信息增益率分别为

$$\begin{cases} \mathrm{Gains}(U, V) = H(U) - H(U \mid V) \\ \mathrm{Gains}_{\mathrm{ratio}}(U, V) = \dfrac{\mathrm{Gains}(U, V)}{H(U \mid V)} \end{cases} \tag{4-20}$$

式中，U 为云故障样本数据集；V 为云故障样本数据集中的故障特征；$H(U \mid V)$ 为云故障信息条件熵，即 V 在给定条件下 H 的云故障信息条件熵；$\mathrm{Gains}(U, V)$ 为云故障信息增益，表示当前云故障样本数据集 U 在故障特征 V 的信息增益；$\mathrm{Gains}_{\mathrm{ratio}}(U, V)$ 为云故障信息增益率，表示当前云故障样本数据集 U 在故障特征 V 的信息增益率。性能优化模型采用云故障决策树算法的故障信息增益选择云故障属性变量，云故障信息增益越大，区分故障样本的能力就越强，从而可供挑选具有代表性的云故障属性变量。

例如，一组数据 $\begin{bmatrix} a^+ & b^+ & 1 \\ a^+ & b^+ & 1 \\ a^+ & b^- & 0 \\ a^- & b^+ & 0 \\ a^- & b^+ & 0 \end{bmatrix}$，第一列表示 a 属性的两种可能，第二列表示 b 属性的两种可能，第三列表示分类类别。

信息熵：

$$H(U) = -\sum_{i=1}^{2} P(\mu_i)\log_2 P(\mu_i) = -\frac{2}{5}\log_2\frac{2}{5} + \left(-\frac{3}{5}\log_2\frac{3}{5}\right) \approx 0.97095$$

a 属性分类信息增益和增益率分别为

$$\text{Gains}(U,V_1) = H(U) - H(U\,|\,V_1)$$
$$= H(U) - \{-P(a^+)H(U\,|\,V_1 = a^+) \pm P(a^-)H(U\,|\,V_1 = a^-)\}$$
$$= H(U) - \{-P(a^+)[P(\mu_1\,|\,a^+)\log_2 P(\mu_1\,|\,a^+) + P(\mu_2\,|\,a^+)\log_2 P(\mu_2\,|\,a^+)]\}$$
$$= H(U) - \left\{-\frac{3}{5}\left[\frac{2}{3}\log_2\frac{2}{3} + \frac{1}{3}\log_2\frac{1}{3}\right]\right\}$$
$$\approx 0.97095 - 0.55098 \approx 0.41997$$

$$\text{Gains}_{\text{ratio}}(U,V_1) = \frac{\text{Gains}(U,V_1)}{H(U\,|\,V_1)} = \frac{0.41997}{0.55098} \approx 0.76$$

b 属性分类信息增益和增益率分别为

$$\text{Gains}(U,V_2) = H(U) - H(U\,|\,V_2)$$
$$= H(U) - \{P(b^+)H(U\,|\,V_2 = b^+) + P(b^-)H(U\,|\,V_2 = b^-)\}$$
$$= H(U) - \{-P(b^+)[P(\mu_1\,|\,b^+)\log_2 P(\mu_1\,|\,b^+) + P(\mu_2\,|\,b^+)\log_2 P(\mu_2\,|\,b^+)]\}$$
$$= H(U) - \left\{-\frac{4}{5}\left[\frac{1}{2}\log_2\frac{1}{2} + \frac{1}{2}\log_2\frac{1}{2}\right]\right\}$$
$$\approx 0.97095 - 0.80000 \approx 0.17095$$

$$\text{Gains}_{\text{ratio}}(U,V_2) = \frac{\text{Gains}(U,V_2)}{H(U\,|\,V_2)} = \frac{0.17095}{0.80000} \approx 0.21$$

本节提出的云系统异常程度估计分成两个阶段，分别如下。

（1）第一阶段混合策略异常程度评估

使用故障发生概率对云系统异常进行预测。①使用决策树对云监控系统获得的第 i 时刻故障样本数据 d_i 进行初次分类，由于决策树对噪声点敏感，定义由决策树分类为正常样本，则分类标记 $c_1=1$；否则由决策树分类为故障样本，则 $c_1=0$。②采用 SVM 分类为正常样本，则分类标记 $c_2=1$；否则由 SVM 分类为故障样本，则 $c_2=0$。避免噪声点对分类结果的影响，对两类方法采取同时处理。对于处理后的数据，使用距 SVM 超平面距离的远近定义故障发生概率，以预测检测的新样本点出现故障概率的大小。基于决策树和 SVM 的分类结果如表 4-2 所示。

表 4-2 基于决策树和 SVM 的分类结果

样本	决策树	SVM
正常样本	$c_1=1$　　　正常样本NS	$c_2=1$
异常样本	$c_1=-1$	$c_2=-1$

（2）第二阶段混合策略异常程度评估

经过第一阶段的评估后，对于系统异常程度评估，如果云监控系统获得的第 i 时刻故障样本数据点 d_i 在两阶段都属于正常样本，则定义若 $c_1c_2=1$，则认为其是正常样本，云系统异常程度即为 0。否则，定义若 $c_1c_2=0$，则认为发生故障的可能性比较大。为降低云故障的漏报率，需要进行判断。

利用混合策略模型，找到云系统异常与正常的分界超平面，使用云监控系统获得的第 i 时刻故障样本数据点 d_i 与向量机超平面的距离计算系统异常概率，当样本点被划分到系统正常一侧，即采用最低检测频率检测，减少系统开销；当云监控系统获得的第 i 时刻故障样本数据点 d_i 被划分到系统异常一侧，即利用样本点 d_i 与超平面的距离计算系统异常概率，从而判断云系统的异常程度。当得到超平面方程时，云监控系统获得的第 i 时刻故障样本数据点 d_i 对应的异常程度 P_i 的计算式为

$$P_i = \begin{cases} 0, & c_1c_2 = 1 \\ \dfrac{\left|V_{d_i}\right| / \|z\|}{\max\left\{\left|V_{d_i}\right| / \|z\|\right\}}, & c_1c_2 = 0 \end{cases} \tag{4-21}$$

式中，V_{d_i} 表示 d_i 的决策值；z 表示样本集合的法向量。

4.2.2　云计算环境下检测周期调节策略

在该步骤中，将根据云计算系统的异常程度结果来计算时间间隔，决定下一次所采用的时间周期。时间周期的改变需要考虑可能故障点及针对性，本节采用的改变时间周期的策略为：当下一个时间点出现云计算系统异常程度大时，则缩短故障检测的时间周期；否则，增加其时间周期，以提高其效率。

设计动态时间周期调节函数为

$$T_{i+1} = \begin{cases} t_\alpha, & 0 \leqslant P_i < v_1 \\ (1-P_i)(t_\alpha - t_\beta)R, & v_1 \leqslant P_i < v_2 \\ (1-P_i)_i(t_\alpha - t_\beta)(1-R), & v_2 \leqslant P_i < v_3 \\ t_\beta, & v_3 \leqslant P_i \leqslant 1 \end{cases} \tag{4-22}$$

式中，T_{i+1} 为第 $i+1$ 时刻云计算系统的检测时间周期；t_α 为最大检测时间周期，为预先设置的参数；t_β 为最小检测时间周期，为预先设置的参数；初始时，时间周期为 t_β，R 为比例系数，可根据云系统的运行状态进行调节；P_i［式（4-21）］为云计算系统第 i 时刻运行环境的异常程度值，为下个时期云系统出现问题的概率值；v_1、v_2、v_3 为设置参数。

考虑云计算系统异常程度的结果，当 $0 \leqslant P_i < v_1$，$v_3 \leqslant P_i \leqslant 1$ 时，检测时间周期将分别采用 t_α 和 t_β，以避免无意义的检测浪费资源；当 $v_1 \leqslant P_i \leqslant v_3$ 时，检测时间周期将采用 $(1-P_i)(t_\alpha - t_\beta)$，加入一个比例系数，对 $v_1 \leqslant P_i \leqslant v_3$ 进一步细分，从而可以进一步提高云计算系统的状态检测性能。寻找最佳 v_1、v_2、v_3 值的算法如算法 4-5 所示。

算法 4-5　搜索算法

输入参数：P_i, TR, step, THRESHOLD;　　　/*P_i 为第 i 个样本异常程度，TR 为训练样本库，step 为步长，THRESHOLD 为阈值*/

输出参数：v_1, v_2, v_3;

```
Begin
1        Max=Max₁=0;
2        For v₁=0 to 1; step
3        For v₂=0 to 1; step
4            For v₃=0 to 1; step
5                If 0≤Pi<v₁
6                    T[i+1]=tα;
7                Else If v₁≤Pi<v₂
8                    T[i+1]=(1-Pi)(tα-tβ)R;
9                Else If v₂≤Pi<v₃
10                   T[i+1]=(1-Pi)(tα-tβ)(1-R);
11               Else If v₃≤Pi≤1
12                   T[i+1]=tβ;
13               EndIf
14           Max1=num(TRi)/num(TR);   /*num(TRi)为成功检测数，num(TR)为训练样本数*/
15           If (Max₁>Max)
16           Max=Max₁;
17           V₁=v₁, V₂=v₂, V₃=v₃;
18               EndIf
19           EndFor
20       EndFor
21   EndFor
```

22	**If** Max> THRESHOLD　　/*若准确率 Max 达到设定的阈值，则返回 v_1, v_2, v_3*/
23	$v_1=V_1, v_2=V_2, v_3=V_3;$
24	Return $v_1, v_2, v_3;$
25	**Else**　/*样本数不够，若未达到设定的阈值，则增加样本数*/
26	增加新样本到样本库;
27	**EndIf**
End	

基于算法 4-5 的 v_1、v_2、v_3 的阈值选优过程如图 4-14 和图 4-15 所示。

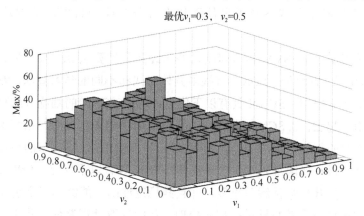

图 4-14　阈值 v_1、v_2 选优

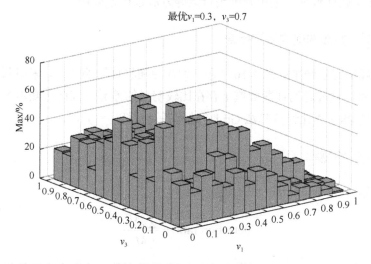

图 4-15　阈值 v_1、v_3 选优

如图 4-14 和图 4-15 所示，在 $v_1 = 0.3$，$v_2 = 0.5$，$v_3 = 0.7$ 时，训练样本检测率最高，v_1、v_2、v_3 取值可被认为是该样本集合的最优阈值。

4.2.3 实验设计与分析

本节数据集同 4.1.2 节，采用谷歌公司公开的检测数据进行相应分析实验。该数据是谷歌集群的检测数据，其提供了 10000 多台机器，历时近 1 个月，其中包含了处理器使用状态及磁盘使用状态等若干检测数据，数据总规模约为40GB。

本节采用决策树+SVM 混合策略，并与经典分类算法 SCNN[11]和经典智能分类算法 PNN[12]进行比较。SCNN 有很多具体形式和不同的学习算法，竞争网络可分为输入层和竞争层。SCNN 具有以下优点：利用 SCNN 的细胞分配功能，能够让两个细胞一起工作。SCNN 所代表的状态结果决定来自目前的系统状态，也能保证瞬时完整的网络自组织能力。PNN 是一种由 RBF 发展而来的前馈型算法，主要由贝叶斯最小风险准则提供理论支持。PNN 具有以下优点：PNN 过程简单，收敛速度快，贝叶斯最优解总收敛，并且其稳定性高，能够容忍个别问题样本。

本节实验将对有关数据进行相应处理，从中选取处理器使用状态、磁盘使用状态等 10 个属性数据，采用降维去量纲等方法进行预处理。

实验1 参数选优的时间耗费

时间耗费实验结果如图 4-16 所示，为避免随机性影响结果，采用两种模型通过 5 组实验，发现时间耗费数值上存在比较明显的差异。因此可知本节提出的混合策略模型 PSO 相比经典算法 Grid，时间耗费较低。

实验2 检测率

检测率（detection ratio）的计算式为

$$\text{detection ratio} = \frac{\sum M_i}{M} \tag{4-23}$$

式中，M_i 表示成功检测样本数；M 表示检测总样本数。检测率实验结果如图 4-17 所示。

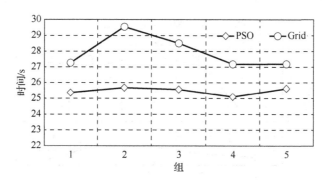

图 4-16　时间耗费实验结果

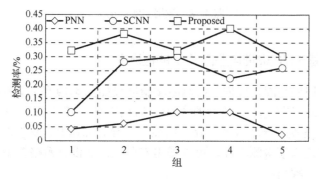

图 4-17　检测率实验结果

如图 4-17 所示，为避免随机性影响结果，通过 5 组实验，发现检测率数值上存在比较明显的差异。与 SCNN、PNN 相比，本节提出的方法（Proposed）具有较高的检测率。

实验 3　效用率

为分析模型的效率，定义效用率（utility ratio）为

$$\text{utility ratio} = \sum_{i=1}^{m} \frac{S_i}{t_i} \qquad (4\text{-}24)$$

式中，m 为样本个数；$S_i = \{0,1\}$，S_i 表示成功检测与未成功检测（其中 1 代表成功检测，0 代表未成功检测）；t_i 为时间周期。效用率实验结果如图 4-18 所示，为避免随机性影响结果，通过 5 组实验，发现 3 种模型在效用率数值上存在的差异。总体上，Proposed 方法在效用率方面比 SCNN 和 PNN 高。

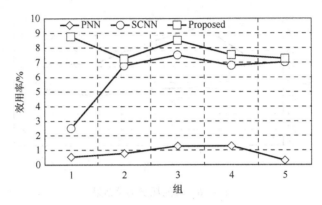

图 4-18　效用率实验结果

实验4　基于动态周期与固定周期的检测率

　　基于动态周期与固定周期的检测率实验结果如图 4-19 所示。避免随机性影响结果，Proposed 方法基于动态周期与固定周期进行 5 组实验，固定周期分别为 600s、1200s，发现检测率数值上存在明显的差异。总体上，基于混合策略下动态周期普遍比固定周期检测率高，可以得出本节提出的混合策略模型动态周期相比固定周期检测率较高。

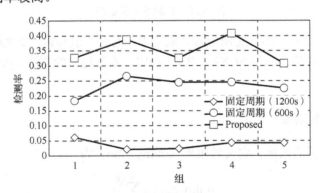

图 4-19　基于动态周期与固定周期的检测率实验结果

实验5　基于动态周期与固定周期的效用率

　　如图 4-20 所示，混合策略下动态周期与固定周期通过 5 组实验，Proposed 方法基于动态周期普遍比固定周期效用率高。

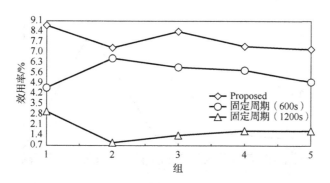

图 4-20　基于动态周期与固定周期的效用率实验结果

实验6　检测率方差分析

如图 4-21 所示，总体上，Proposed 方法、PNN、固定周期方法比 SCNN 的检测率方差低，动态周期比固定周期的检测率方差略大些，表明其检测率波动幅度稍大，固定周期及 PNN 的实验结果表现稍好，它们相差不超过 0.002，检测率结果较稳定。

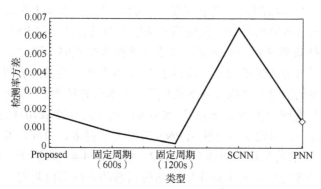

图 4-21　检测率方差分析

实验7　效用率方差分析

效用率方差分析如图 4-22 所示。

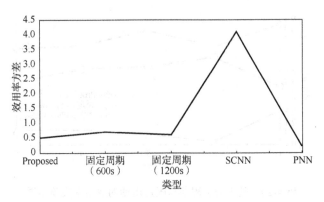

图 4-22　效用率方差分析

如图 4-22 所示，与 SCNN 方法相比，本节所提出的基于动态周期与固定周期的方法在效用率实验结果上波动幅度较小。表明其效用率波动幅度较小，动态周期与固定周期在效用率实验结果上波动幅度相近，PNN 方差最小。

实验8　统计检验

使用 SPSS 对 5 组测试数据进行统计实验，结果如表 4-3 和表 4-4 所示。以表 4-3 为例，本节所提出的方法在检测成功率方面具有良好的 PNN 性能，F 值为 0.74，在 0.41 处获得 F 检验的 p 值，大于显著性水平 0.05。因此，方差相等的假设被接受。基于方差相等的结果，获得了 3.78×10^{-6} 处 T 检验的 p 值。其小于显著性水平 0.05，因此拒绝了平均数相等的假设。即本节方法和 PNN 在其平均故障检测成功率方面具有统计上的显著差异，本节方法的平均检测成功率为 34.4，比 PNN 方法的 6.4 大很多，因此本节方法比 PNN 方法要好得多。同样，本节方法的性能也优于 SCNN 方法的平均检测成功率 23.2。根据表 4-4，我们还可以得出结论，在平均检测成功率方面，本节提出的自适应调整动态周期检测的方法优于固定周期检测的方法。

表 4-3　本节方法与 PNN 和 SCNN 的平均检测成功率比较分析

本节方法	F 值	F 检验的 p 值	T 检验的 p 值	置信区间	已有方法的均值	本节方法的均值
PNN	0.74	0.41	3.78×10^{-6}	NCZ	6.4	34.4
SCNN	0.92	0.37	3.16×10^{-2}	NCZ	23.2	34.4

注：NCZ 表示不越过 0。

表 4-4 本节方法与固定周期平均检测成功率的统计检验比较分析

本节方法	F 值	F 检验的 p 值	T 检验的 p 值	置信区间	已有方法的均值	本节方法的均值
固定周期（600s）	2.16	0.18	1.64E-03	NCZ	22.8	34.4
固定周期（1200s）	10.98	0.01	4.23E-07	NCZ	3.6	34.4

注：NCZ 表示不越过 0。

实验 9 时间耗费分析

3 种方法的时间耗费如图 4-23 所示。可以看到，对于 5 个数据集，本节方法比 PNN 方法具有更平滑和更小的时间开销，SCNN 方法在时间开销方面优于 PNN 方法和 Proposed 方法。

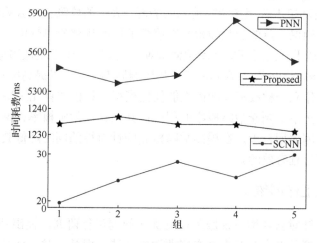

图 4-23 3 种方法的时间耗费

4.3 总结与展望

4.3.1 本章小结

1）在讨论国内外目前研究工作的基础上，首先对云计算的基本概念、监控框架、检测方法模型等进行概述；然后论述用于本章算法的主要统计学习理论知识；

最后在此技术基础上，针对云环境下的云服务检测优化需求，以基于统计学习理论对云系统错误故障检测展开研究。

2）基于 Grid-SVM 的故障检测模型及其评估更新策略，利用相关检测数据能够了解云系统的运行状态，从而选取相对应的措施在云故障发生前及时找到处理措施。由于云系统结构复杂、动态变化，云故障检测面临着效率不高和精度低的问题。为提高云环境下云故障检测的效率和准确性，分析了基于 Grid-SVM 的故障检测模型，该模型根据相似性和 PCA 方法选取云系统的监控参数，以进行参数降维，并结合 Grid 对 SVM 的参数进行优化。基于该模型进行预测评估，以预测故障发生的概率。在故障发生后，将故障样本更新到故障样本库中，以提高样本空间大小，进而提高预测准确率。通过将该方法与经典的故障预测方法进行比较，实验结果表明，该方法能够高效、准确地预测出云系统的故障。

本章工作能预测云系统中故障的发生，但是难以确定引起故障的原因，后续工作将深入研究在复杂、多变的云系统环境下准确定位故障发生的原因。

3）针对云环境下云服务故障检测的能耗，大量的检测会让云系统产生巨大的开销，如何在确保一定的云故障检测准确性的同时优化检测性能，成为急需解决的问题。由于基于固定周期的故障检测周期不合理，对于发生故障概率大的服务，需要调节其检测周期变短，否则，调节其检测周期变长，以提高故障预测的效用。基于混合策略建立一种故障检测的性能优化模型，该模型首先用决策树+SVM 求出故障发生的概率，判断故障概率的程度；其次计算故障概率程度并调节检测周期，从而使检测周期合理，在提高故障检测的针对性的同时降低其代价。实验表明该方法是可行且有效的。

4.3.2 研究工作展望

本章主要针对云环境下云服务检测优化问题进行研究，提出基于 Grid-SVM 云服务错误检测及混合策略下动态周期调节算法，但是仅对云环境下云服务检测优化问题进行了基础探索，还有一些工作需要进一步完善，主要有以下几个方面。

1）虽然针对云环境下云服务检测优化问题进行了重点研究并给予了验证，但是，因为主客观条件的限制——对监控层次限制在硬件层，对于软件层还需进一步研究。

2）研究工作能预测云系统中故障的发生，但是难以确定引起故障的原因，后续工作可深入研究在复杂、多变的云系统环境下准确定位故障发生的原因。

3）研究工作对云故障检测周期提出了相应的策略与分析技术，但应确保在动态检测周期短的情况下能够降低误报率。

参 考 文 献

[1] BEHESHTI M K, SAFI-ESFAHANI F. BFPF-cloud: Applying SVM for byzantine failure prediction to increase availability and failure tolerance in cloud computing[J]. SN Computer Science, 2020, 1(5): 1-31.

[2] BODIK P, FRIEDMAN G, BIEWALD L, et al. Combining visualization and statistical analysis to improve operator confidence and efficiency for failure detection and localization[C]//The 2nd International Conference on Autonomic Computing, Seattle, USA, 2005: 89-100.

[3] CHANG C C, LIN C J. LIBSVM: A library for support vector machines[J]. ACM Transactions on Intelligent Systems and Technology, 2011, 2(3): 1-27.

[4] MIR A M, RAHBAR M, NASIRI J A. LIBTwinSVM: A library for twin Support Vector Machines[J]. arXiv preprint arXiv, 2020: 1-11.

[5] TAMURA Y, NOBUKAWA Y, YAMADA S. A method of reliability assessment based on neural network and fault data clustering for cloud with big data[C]//2015 2nd International Conference on Information Science and Security, Seoul, Korea: IEEE, 2015:1-4.

[6] BASSIUNY A M, LI X Y, DU R. Fault diagnosis of stamping process based on empirical mode decomposition and learning vector quantization[J]. International Journal of Machine Tools and Manufacture, 2007, 47(15): 2298-2306.

[7] CHOO K K R. Cloud computing: Challenges and future directions[J]. Trends & issues in crime and criminal justice, 2010, 400(400): 1-6.

[8] LIN H J, ZHU L L, MEHRABANKHOMARTASH M, et al. A simplified SVM-based fault-tolerant strategy for cascaded H-bridge multilevel converters[J]. IEEE Transactions on Power Electronics, 2020, 35(11): 11310-11315.

[9] GUO Z, SHI Y, HUANG F, et al. Landslide susceptibility zonation method based on C5.0 decision tree and K-means cluster algorithms to improve the efficiency of risk management[J]. Geoscience Frontiers, 2021, 12(6): 101249.

[10] LI X W. Application of decision tree classification method based on information entropy to web marketing[C]//2014 Sixth International Conference on Measuring Technology and Mechatronics Automation, Zhangjiajie, China: IEEE, 2014:121-127.

[11] CHANDRAN C S, KAMAL S, MUJEEB A, et al. Novel class detection of underwater targets using Self-Organizing neural networks[C]//Underwater Technology, Chennai, India: IEEE, 2015: 1-5.

[12] MANGAYARKARASI T, JAMAL D N. PNN-based analysis system to classify renal pathologies in Kidney Ultrasound Images[C]//2017 2nd International Conference on Computing and Communications Technologies, Chennai, India: IEEE, 2017: 123-126.

第 5 章

雾环境下基于任务分配及容错机制的服务性能优化研究

5.1.1 基本概念

1. 雾计算概念

云计算技术是指在云端部署大量的服务器以实现按需分配，其缓解了企业和用户须拥有私有数据中心的困境，这种模式提供便捷的、按需的网络访问，并且配置资源共享池（数据中心、服务器、存储、应用软件等）。虽然云计算技术可以让用户以低成本享受到超值的服务，但仍然存在一些弊端，如无法提供低延迟的服务体验、位置感知和移动性支持等。针对上述问题，需要一个新的计算模式以缓解云计算技术的不足，于是雾计算的概念被提出。雾计算技术出现的目的并不是取代云计算技术，而是解决云计算技术存在的问题。

雾计算的概念最早是由 Cisco 公司在 2011 年提出的，在 2012 年移动云计算（mobile cloud computing，MCC）会议上被 Cisco 公司正式提出，其定义为：雾计算技术是高度虚拟化的，其在云计算和终端设备之间提供计算和存储等服务，大部分位于网络边缘。为推动雾计算技术的发展，2015 年安谋（ARM）、Cisco、戴尔（Dell）、英特尔（Intel）、微软（Microsoft）和普林斯顿大学边缘计算实验室（Princeton University Edge Computing Laboratory）联合成立 OpenFog 联盟，该联盟对雾计算的定义为[1]：雾计算是一个系统级的水平体系结构，其将计算、存储和网络资源等部署在云与物之间的任何地方，主要特点如下。

1）水平体系结构：支持多个行业垂直且为用户提供智能服务。

2）云到物体的连续服务：将服务和应用程序部署到更接近物体，以及云和物体之间的任何地方。

3）系统级：物体-网络边缘-云架构跨越多个协议层。

综上所述，雾计算的思想是智能前端化，即在云计算和终端设备之间利用网络设备或者其他专用设备提供计算、存储和网络通信等服务，使得部分数据和计算更靠近终端设备，以节约网络带宽和时间，进而降低云计算服务的计算、存储和通信开销。其中，低延迟是评价雾计算服务质量的重要指标之一。在雾计算模式中，需要即时处理的数据等集中在网络边缘的设备中，而需要长期保存和处理或者重要的数据才保存在云中。

2. 雾计算体系结构

云-雾-IoT 的架构如图 5-1 所示[2]。

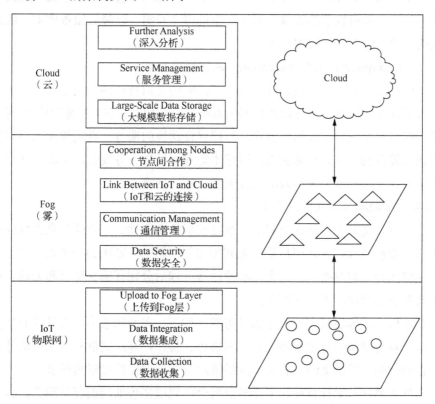

图 5-1　云-雾-IoT 的架构

由图 5-1 可知，雾计算处于云-雾-IoT 的架构的中间，具有承上启下的枢纽作用，其组成包括以下 4 个部分。

（1）Cooperation Among Nodes（节点间合作）

雾节点不仅计算、存储和通信能力相较于云节点弱，而且具有资源有限性、鲁棒性较差等特点。当大量任务的请求集中到单一雾节点时，可能会造成雾节点负载重，进而导致高延迟，因此往往需要多个雾节点配合以分担负载，进而更好地完成任务。雾节点间的高效合作不仅有利于提高用户对服务的满意度，还有助于云雾生态系统的稳定运行。

（2）Link Between IoT and Cloud（IoT 和云的连接）

雾层处于该架构的中间，一方面雾层可以处理底层传感器产生的即时数据，相较于发给云层处理，可以降低通信延迟并降低数据在传输过程中受到威胁的可能性；另一方面可以节约传输数据所产生的带宽开销，以降低服务成本。因此，该架构需要考虑 3 层之间的连接。

（3）Communication Management（通信管理）

雾层与云层和底层的通信管理及雾节点间的通信管理亦至关重要，由于雾计算技术出现时间较短，该方面的技术仍有很多细节亟需完善。文献[3]提出雾计算的接入网络主要利用无线信道传输，可提供移动性的服务。雾无线接入网络主要利用边缘设备的计算和存储能力，进行本地业务处理、分发等，从而降低通信链路开销，在一定程度上减小云层处理无线信号的规模。

（4）Data Security（数据安全）

雾计算环境下的数据安全问题，包括数据的完整性、一致性和私密性问题。对于云端数据易泄露导致用户隐私遭到侵犯等问题[4]，文献[2]提出利用雾节点的本地存储能力，将数据通过加密、哈希函数处理后分别存储在雾层和云端，进而保护数据的私密性，如图 5-2 所示。

综上所述，雾层节点的工作场景可概括如下：在此场景中，大量的异构雾节点、云节点与底层节点主要通过无线网络进行协作。雾层提供靠近底层的计算能力、存储空间和通信资源，有利于满足用户对低延迟日益强烈的需求。

本章主要针对雾计算环境下雾节点间合作完成任务的层面展开研究，具体表现为找到合适的雾节点集共同完成任务以优化服务性能，细分为两个方面：基于过滤机制的任务分配方法和基于 Markov chain 的容错模型与算法。

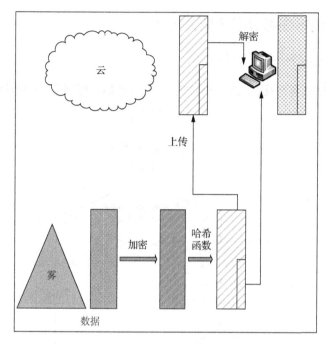

图 5-2 基于雾节点的数据存储图

3. 雾计算研究领域面临的挑战

由于雾计算技术出现时间较短，其面临的挑战主要有以下几个方面。

1）动态的处理分析：雾环境下的雾系统一般由多个雾节点组成，同时由于每次所需处理的任务需求和类型不同，需要动态分析任务需求以选取合适的雾节点集共同完成任务。

2）合理的分工：在雾计算模式中，低延迟是雾服务质量的重要评价指标之一，同时，雾节点之间的分工影响网络带宽的开销等，合理的分工需要考虑延迟和成本等因素。

3）容错方法的缺乏：一方面由于雾计算的应用模式具有开放性和分布性，同时雾节点属于电子设备，寿命随着使用时间的增加而递减，因此静态的分析并不准确；另一方面，雾节点出现故障后相应的服务数据等将丢失，因此故障发生后采取故障处理措施也会降低服务的可靠性，造成高延迟等，需要考虑在故障发生前采取相应的容错措施。

5.1.2 雾环境下任务分配的相关技术

1. 雾环境下的任务分配流程

雾环境下的任务分配流程如图5-3所示,主要包括目标雾节点的选择和任务分工。

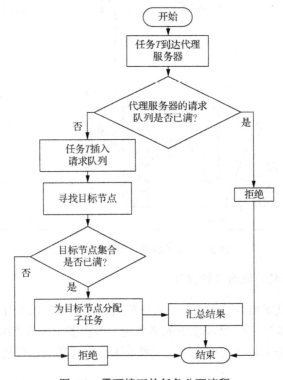

图 5-3 雾环境下的任务分配流程

图 5-3 刻画了从代理服务器收到一个具体的任务到完成任务的过程,主要步骤如下:代理服务器接收任务 T 的请求;代理服务器选择满足任务需求的目标节点;代理服务器分配子任务给目标节点;代理服务器汇总结果。

2. 雾环境下的任务分配算法

雾节点间任务的分配是优化雾服务性能的关键因素之一。文献[5]结合雾计算环境提出一种基于区域密度的智能任务分配模型,目的是解决城市不同区域数据覆盖率不均衡的问题,其根据不同区域的数据覆盖率高低,为分布在不同区域的参与任务的节点分配相应的任务和奖励,以提高城市区域的数据覆盖率并且降低数据收集成本，该方法存在服务延迟高等不足。文献[6]提出了一种基于 F-RAN 的任务分配方法，为雾节点分配任务时折中考虑计算和通信开销，该方法需要利用基站等基础设施联合多个雾节点近距离通信，以实现低延迟。文献[7]提出了一种无线网络环境下的雾节点间协作传输策略，通过雾节点间的串行协作即等量分配任务以完成内容分发，该方法存在效率低下的问题。文献[8]研究了一种雾计算服务提供商之间的协作式任务分配算法，通过计算雾节点的负载，设计相应的负载均衡算法为不同雾服务提供商的雾节点分配任务。综上可知，现有的雾计算环境下的任务分配方法存在通信开销高、存储成本高等不足，因此，需要设计低延迟和低成本开销的任务分配方法。

5.1.3 雾环境下容错的相关技术

容错是指服务提供方在考虑系统可能出现错误的情况下仍提供服务，但是系统内组件可能已出现异常。此时，并没有因组件可能或已出现异常而停止服务。错误意味着系统至少存在一个不正确的内部状态，该状态产生的原因是系统内部故障[9]。容错技术就是在系统可能或已出现错误时，使用某种策略防止错误造成更大的破坏性影响。

目前，雾计算环境下的容错策略较少，现有的其他分布式环境下的容错策略主要分为两种：①基于预处理的容错策略[10-11]，即在组件故障发生前通过预处理技术以降低故障对服务的影响，具体预处理技术包括数据或进程备份、检查点和故障预测等；②基于反应式的容错策略[12-13]，即在组件故障发生后通过故障定位、替换服务等故障恢复技术以降低故障对服务的影响。

基于预处理的容错策略即在系统内组件出现故障前通过预处理技术来降低故障对服务的影响，是提高服务可靠性的重要途径之一。现有的基于预处理的容错策略主要分为两种：①备份技术，通过采取镜像、日志等冗余技术等以优化服务的性能；②故障预、监测技术，通过分析系统内的组件属性、行为等预测或监测故障发生的概率，在故障发生之前采取数据迁移等技术以降低故障对服务的不利影响。本节采用的是基于预测技术的容错策略，即在雾节点发生故障前对其进行状态转移预测，以提高雾服务的可靠性，进而优化雾服务的性能。

5.1.4 过滤及建模的相关技术

1. 过滤技术

现有的过滤技术主要有以下 3 种。

1）贝叶斯过滤技术[14]。该技术属于机器学习技术，其对于待分类项，计算此项出现在各个类别中的概率，将待分类项分类到概率最大的类别中。

2）协同过滤技术[15]。该技术包括：①基于记忆的协同过滤，主要是最邻近协同过滤；②基于模型的协同过滤，是基于聚类的协同过滤、基于概率的协同过滤和基于矩阵分解的协同过滤。协同过滤技术多用于推荐系统，但存在冷启动问题。由于协同过滤技术相对复杂，因此不适用于计算、存储和通信能力较弱的雾节点。

3）Bloom Filter[16-18]技术。该技术可用于检测元素是否在集合中，是一种空间效率很高的随机数据结构，其采用位向量表示元素集合，支持对集合中元素的插入与查询操作。该技术利用多个不同的 Hash（哈希）函数来解决"冲突"。该技术的缺点是有可能出现错判，错判率随着元素数量的增加而增加，但不会漏判，因此适合零错误的应用场合。在雾环境下可利用此技术优化目标雾节点的选择。

Bloom Filter 的核心是一个长度为 m 的位向量和由 k 个 Hash 函数构成的 Hash 函数组，n 个元素的集合 $S = \{s_1, s_2, \cdots, s_n\}$，通过 k 个 Hash 函数映射到位向量 $B = (b_1 b_2 \cdots b_m)$，可检测元素是否在集合 S 中，但是可能会将不在集合中的元素检测为在该集合中，从而产生错判，错判率（false probability，FP）为

$$FP = \left[1 - \left(1 - \frac{1}{m} \right)^{kn} \right]^k \approx \left(1 - e^{-\frac{kn}{m}} \right) k \tag{5-1}$$

由式（5-1）可知，随着数组元素个数的增加，FP 会随着插入元素个数 n 的增加而增加。当 n 和 m 值确定时，使错判率 FP 达到最小的 k 值为

$$k = (m / n) \ln 2 \tag{5-2}$$

而对于给定的 FP，最优的数组大小 m 为

$$m = -\frac{n \ln(FP)}{(\ln 2)^2} \tag{5-3}$$

考虑到 Bloom Filter 具有空间效率高、实现难度低等优点，本节使用 Bloom Filter 技术优化目标雾节点的选择。

2. 建模技术

系统建模涉及描述系统组件和组件之间的相互关系，是分析系统状态的重要依据之一。形式化的建模工具有利于更清晰地对当前系统的状态做出判断，从而帮助决策者做出相应的决策。下面主要介绍两种常用的建模工具，分别是 Petri Net 和 Markov chain。

（1）Petri Net

Petri Net 的代数分析技术可以刻画系统结构、建立系统状态间的线性关系，同时 Petri Net 的图分析技术可以展现系统的运行机制和分析系统的动态行为[19]。现有的基于 Petri Net 对云计算等系统的建模应用主要包括对其能耗建模[20-22]和性能分析与验证[23-25]，但是基于 Petri Net 建模存在模型容易变得很庞大、不能反映时间内容的局限。

（2）Markov chain

基于 Markov chain 建模能够刻画雾系统状态转移时间和空间方面的内容，其稳态概率和状态转移矩阵有利于清晰地、形式化地分析当前系统的状态。文献[12]利用 Markov chain 和排队论结合建模分析云环境下托管在同一物理机上的多个虚拟机的状态转移过程，该模型对云系统内物理机和虚拟机故障造成的状态转移分类讨论。文献[26]～文献[28]提出一种基于 Semi-Markov（半马尔可夫）的模型来分析云服务的可靠性等服务性能，该模型中云系统的状态转移过程属于特殊的 Markov 过程，即云系统状态转移的时间非指数分布。文献[29]提出在指定 QoS 的目标下，利用 Markov chain 建模来分析物理机上虚拟机的迁移过程，进而检测物理机的负载情况。文献[30]提出在 IaaS 云中，组件故障非常常见，可能导致违反云服务的 sla，因此设计多个交互的基于 Markov chain 的子模型量化 IaaS 云的可用性，以降低分析 IaaS 云可用性的时间和复杂度。该模型适合大型云计算系统，而且子模型之间的交互存在误差。文献[31]提出由于自动化供应机制的复杂性和云环境的动态变化导致云的质量建模和分析较为复杂，因此提出一种基于 Markov chain 的 IaaS 云的服务质量评价方法，该方法主要用于大规模的云计算设施的建模分析。文献[32]设计基于 HMM 的系统模型优化分布式系统中存在的数据规模大和数据备份的频率设置难的问题，该模型主要用于优化分布式系统的数据存储。文献[33]提出基于 HMM 的预测资源管理框架，该方法主要用于优化分布式系统的资源管理。总结可知，使用 Markov chain 建模有利于决策者分析当前系统的状态，进而做出科学的决策，但是现有的基于 Markov chain 的建模研究多用于大型分布式系统。因此，本章使用 Markov chain 先刻画单个雾节点的状态转移，在此基础上再刻画多个雾节点组成系统的状态转移，进行雾系统状态转移建模[34-37]。

5.2 雾环境下基于过滤机制的可信任务分配方法研究

为解决现有雾环境下的任务分配方法存在的计算难度较大、存储开销高和安全性低等不足，本节提出一种基于过滤机制的任务分配方法：首先分析代理服务器接收到的相关数据，获取雾节点的运行状态；然后采用结合标签的 Bloom Filter 机制，设计优化的目标雾节点选择算法，以获得满足任务需求的目标雾节点；最后提出基于最小延迟的任务分配算法为目标雾节点分配任务。

5.2.1 相关定义

1. 代理服务器 proxy_server

代理服务器负责发送和接收与目标节点的通信信息。

2. 节点标签

对雾节点 i 设置标签，记为 $\text{label}(i)$，分别是功能描述状态 $\text{sta}(i)$、安全属性 $\text{flag}(i)$、$\text{function}(i)$。

$$\text{label}(i) = \{\text{function}(i), \text{sta}(i), \text{flag}(i)\}$$

雾节点的状态 $\text{sta}(i)$ 分为两类：异常节点（负载过重或因其他原因而被破坏不能正常工作的节点）和正常节点。

$$\text{sta}(i) = \begin{cases} 0, & \text{雾节点}i\text{为异常节点} \\ 1, & \text{雾节点}i\text{为正常节点} \end{cases}$$

雾节点的安全属性 $\text{flag}(i)$ 分为两类：恶意和非恶意。

$$\text{flag}(i) = \begin{cases} 0, & \text{雾节点}i\text{为恶意节点} \\ 1, & \text{雾节点}i\text{为非恶意节点} \end{cases}$$

雾节点的功能描述为 $\text{function}(i)$。例如，如果接收的任务请求是摄像，则需要对雾节点的功能描述进行字符串匹配。

3. 雾节点的位置

令 $\text{loc}(i) = \langle x_i, y_i, z_i \rangle$，它表示雾节点 i 的一个三维坐标位置。

4. 目标节点集

记目标节点集为 $CN = \{c_1, c_2, \cdots, c_m\}$，其中，$c_1, c_2, \cdots, c_m$ 为目标节点。目标节点集中雾节点的属性包括<ID, label, loc, Mem, bw, v>，其中，6 个属性分别表示雾节点的唯一标识符、标签、位置、内存、带宽与计算速度。

5. 雾节点的距离

雾节点 i 与 j 之间的欧几里得距离 Dis 为

$$Dis(i, j) = \sqrt{(x_i - x_j)^2 + (y_i - y_j)^2 + (z_i - z_j)^2} \tag{5-4}$$

6. 任务

记任务 $T = \{t_1, t_2, \cdots, t_n\}$，其中 $t_1, t_2, \cdots, t_n$ 为子任务，任务的属性包括<ID, s, request, L, Mem>。其中，ID 是任务的唯一标识符；s 是任务包含的指令数，单位是 I；request 是任务需要的功能描述，是字符串类型；L 是 T 的最大延迟容忍，单位是 ms；Mem 是任务所需的内存容量，单位是 MB。

7. 延迟

如果将子任务 $t_b (0 < b < n)$ 发送给雾节点 $c_a (0 < a < m)$，其延迟包括通信延迟 $Lco(c_a, t_b)$ 和计算延迟 $Lcu(c_a, t_b)$，即

$$L(c_a, t_b) = Lco(c_a, t_b) + Lcu(c_a, t_b) \tag{5-5}$$

任务 T 分配给目标节点集 CN 的延迟 $L(CN, T)$ 为

$$L(CN, T) = \max\{Lco(c_a, t_b) + Lcu(c_a, t_b) \mid a \in \{1, 2, \cdots, m\}; b \in \{1, 2, \cdots, n\}\} \tag{5-6}$$

式中，完成任务 T 的延迟取决于执行任务的目标节点集 CN 中最后一个雾节点 $c_a (0 < a < m)$ 完成子任务 $t_b (0 < b < n)$ 的延迟。

（1）通信延迟

令信号在媒介中的传播速率为 v_s，单位是 m/ms。如果将子任务 $t_b (0 < b < n)$ 发送给雾节点 $c_a (0 < a < m)$，其通信延迟记为 $Lco(c_a, t_b)$，含发送延迟 $Lse(c_a, t_b)$ 和传播延迟 $Lsp(c_a, t_b)$，即

$$Lco(c_a, t_b) = Lse(c_a, t_b) + Lsp(c_a, t_b) \tag{5-7}$$

式中，发送延迟 $Lse(c_a, t_b)$ 为

$$Lse(c_a, t_b) = \frac{Mem(t_b)}{bw(c_a)} \tag{5-8}$$

传播延迟 $\mathrm{Lsp}(c_a, t_b)$ 为

$$\mathrm{Lsp}(c_a, t_b) = \frac{\mathrm{Dis}(c_a, \mathrm{proxy}_{\mathrm{server}})}{v_s} \tag{5-9}$$

式（5-9）的分子由式（5-4）求得，所有子任务的初始位置与代理服务器位置相同。

（2）计算延迟

如果将子任务 $t_b(0 < b < n)$ 数据包发送给雾节点 $c_a(0 < a < m)$，则计算延迟 $\mathrm{Lcu}(c_a, t_b)$ 为

$$\mathrm{Lcu}(c_a, t_b) = \frac{s(t_b)}{v(c_a)} \tag{5-10}$$

目标节点需满足的条件：由于雾节点的计算、存储和通信能力有限，同时代理服务器每次所接收的任务 T 的需求和属性不同，因此需要根据具体任务的需求动态设置目标节点 c_a 的选择条件：位置 $\mathrm{loc}(c_a)$、标签 $\mathrm{label}(c_a)$、计算速度 $v(c_a)$、存储能力 $\mathrm{Mem}(c_a)$、带宽 $\mathrm{bw}(c_a)$。

首先，为了降低通信延迟和通信开销，将目标节点与任务的距离控制在一定范围，即设定距离阈值 DIS，有

$$\mathrm{Dis}(c_a, T) \leqslant \mathrm{DIS} \tag{5-11}$$

其次，为了保证目标节点可以执行任务，雾节点 c_a 的标签需要满足任务需求，即功能 $\mathrm{function}(c_a)$、状态 $\mathrm{sta}(c_a)$、安全属性 $\mathrm{flag}(c_a)$：

$$\begin{cases} \mathrm{function}(c_a) = T.\mathrm{request} \\ \mathrm{sta}(c_a) = 1 \\ \mathrm{flag}(c_a) = 1 \end{cases} \tag{5-12}$$

最后，为了保证目标雾节点可以执行任意一个子任务，雾节点的存储能力 $\mathrm{Mem}(c_a)$ 需要大于最大的子任务所需的内存，同时计算速度 $v(c_a)$、带宽 $\mathrm{bw}(c_a)$ 需满足任务的最大延迟容忍：

$$\begin{cases} \mathrm{Mem}(c_a) > \max_{b=1}^{n} \mathrm{Mem}(t_b) \\ \max_{a=1}^{m}\{\mathrm{Lco}(c_a, t_b) + \mathrm{Lcu}(c_a, t_b)\} \leqslant L \end{cases} \tag{5-13}$$

式中，$\mathrm{Lco}(c_a, t_b)$ 见式（5-7），表示子任务 t_b 发送给雾节点 c_a 的通信延迟；$\mathrm{Lcu}(c_a, t_b)$ 见式（5-10），表示雾节点 c_a 处理子任务 t_b 的计算延迟。

5.2.2 基于过滤机制的任务分配算法

基于过滤机制的任务分配流程如图 5-4 所示。

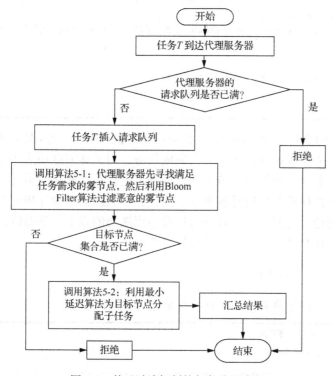

图 5-4 基于过滤机制的任务分配流程

图 5-4 给出了代理服务器收到一个具体任务到完成该任务的全过程，主要步骤如下：

1）代理服务器接收任务 T 的请求。

2）代理服务器利用目标节点选择算法选择满足任务需求的目标节点。

3）代理服务器利用任务分配算法分配子任务给目标节点。

4）代理服务器汇总结果。

图 5-4 的详细过程如算法 5-1 所示。

算法 5-1 基于过滤机制的任务分配算法

输入参数：N, DIS, proxy_server, T； /*N 表示初始雾节点集*/

输出参数：Result；

```
Begin
1   T←input a task by a user;
2   m←input the collaborative node count by proxy_server;
3   CN←Select(loc(proxy_server), DIS, T, m);   /*调用算法 5-2 选择目标雾节点*/
4   For (int k=1; k<m; k++)
5       Fogdevice.setLinkBW(proxy_server, CN[k]);   /*配置代理服务器 proxy_server 与目标节点 CN[k]的通信链路*/
6
7   EndFor
8   Result←Allocation(T, CN);   /*调用算法 5-3 分配任务*/
9   Return Result;
End
```

算法 5-1 的语句 5 的 Fogdevice 类来自 iFogsim[38]包。代理服务器接收到任务请求集合后，需要寻找目标雾节点来完成任务。由于雾节点功能属性不同，同时存在负载重、恶意、失效的雾节点等，此外可能存在存储空间不足、计算和通信能力弱、服务性能差等情况导致无法完成任务，因此需要设计相应的算法对目标雾节点进行挑选和过滤。为了降低目标雾节点选择的成本，下面设计基于任务需求的雾节点选择算法来寻找合适的目标雾节点。

1. 目标雾节点的选择

目标雾节点的选择算法如算法 5-2 所示。

算法 5-2   目标雾节点的选择算法
输入参数：loc(proxy_server), m;
输出参数：CN;

```
Begin
1 Create Bloom Filter;   /*创建 Bloom Filter*/
2 Set related parameters of Bloom Filter;   /*设置 Bloom Filter 相关参数：集合元素和 Hash 函数的个数等*/
3   For (int k=1; k<|N|; k++)
4       Obtain <ID, label, loc, Mem, bw, v > of fog node k from N;   /*获取初始雾节点集中每个雾节点的属性值*/
5       If fog node k can execute T;   /*基于式（5-11）～式（5-13）判断雾节点 k 是否满足任务需求，如果可以，
                                         将其加入目标节点集*/
6           c_k← <ID, label(k), loc(k), Mem(k), bw(k), v(k)>;
7           boolean bl = BLF.contains(c_k);
8           If (!bl)   /*Bloom Filter 过滤恶意雾节点*/
9               CN←c_k;
10          EndIf
11      If |CN|==m   /*条件为真表示目标雾节点集满足执行任务的需求，接收任务 T*/
12          Break;
13      Else Reject T;   /*拒绝任务 T*/
```

```
14          EndIf
15       EndIf
16     EndFor
17   Return CN;
End
```

分析算法 5-2 可知，由于调用了 Bloom Filter，其包含一重 for 循环，因此算法时间复杂度为 $O(N^2)$，其功能是先利用标签等条件从初始雾节点集中选择满足任务需求的目标雾节点（见语句 3～语句 6），然后利用 Bloom Filter 过滤恶意雾节点（见语句 7～语句 10）。其中语句 7 和语句 8 的具体步骤如下：先获取雾节点 c_k 的 ID 号，然后判断该 ID 是否在 Bloom Filter 所存储的恶意节点 ID 的集合中，若在则过滤；否则，保留。

2. 基于最小延迟的任务分配算法

代理服务器接收到任务 $T=\{t_1, t_2, \cdots, t_n\}$ 后，假设采用一对一的子任务和雾节点的分配模式，共有 $m!/(m-n+1)!$ 种分配策略，其中 $m \geqslant n$。任务的分配需要考虑雾节点的存储、计算和通信能力等属性与子任务所需的匹配程度，即分析节点处理子任务的延迟和其内存、功能等是否满足子任务的需求。由于算法 5-2 在选择雾节点时已对计算、通信和存储能力、功能等进行判断，因此基于最小延迟的任务分配算法利用该结果进行任务分配，如算法 5-3 所示。

算法 5-3　基于最小延迟的任务分配算法
输入参数：CN;
输出参数：$L_{\min}t_b$;

```
Begin
1    L_min tb←-∞, F(t)=0;          /*设置子任务的初始最小延迟值和雾节点未分配标志*/
2    sort T;                        /*对子任务集 T 按照所需内存从小到大排序*/
3    For (int b=n; b<1; b--)        /*按照子任务大小递减分配*/
4      For (int a=1; a<m; a++)
5        If (F(a)==0)               /*判断雾节点 c_a 是否已分配任务；条件为真表示未分配*/
6          Compute L(c_a, t_b);     /*基于式（5-5）计算子任务 t_b 分配给雾节点 c_a 时的延迟*/
7          If L(c_a, t_b)<L_min tb
8             L_min tb←L(c_a, t_b);
9             t←a;
10         EndIf
11         Result←Execute task t_b on c_i;
12         F(t)←1;                  /*更改分配标志*/
13       EndIf
14     EndFor
```

```
15   EndFor
16 Return L_min t_b;
End
```

算法 5-3 中使用双重 for 循环，可得出该算法的时间复杂度为 $O(nm)$。其通过一对一的分配模式计算每个子任务分配给不同雾节点的延迟，将其分配给延迟最小的雾节点，以保证完成任务时的延迟最小。考虑到如果先分配小任务，对于小任务来说，将其分配给距离最近的处理速度最快的雾节点的延迟低，这样后面的大任务只能分配到距离较远的处理速度较慢的雾节点，会造成完成任务的延迟高。因此，分配时按照子任务的大小递减分配雾节点，这样任务执行的延迟最低。

5.2.3 实验结果分析

1. 实验环境

实验环境：①硬件——Intel Core i7、2.50GHz CPU，4GB 内存；②软件——Windows 10 操作系统和 MyEclipse；③编程语言——Java。仿真选择的模拟器是由澳大利亚墨尔本大学实验室设计的 iFogSim，该模拟器搭建在 CloudSim 平台上，增加了 Sensor、FogDevice 等类模拟雾环境。Bloom Filter 元素集合随机生成。

实验相关参数如表 5-1 所示。

表 5-1 实验相关参数

参数	参数描述	参数取值或范围
T	任务	子任务所需内存为 10～500MB；数量为 5、6、10；其指令数范围为[1,3000]；延迟容忍为 150ms
N	初始雾节点数	10000
v_s	信号传播速率	100m/ms
DIS	距离阈值	200m
k	Hash 函数个数	7
m	目标雾节点个数	5、6、10

图 5-5～图 5-7 分别是仿真实验中的代理服务器参数配置图、雾节点参数配置图和雾节点与代理服务器通信图。

图 5-5　代理服务器参数配置　　　　　　图 5-6　雾节点参数配置

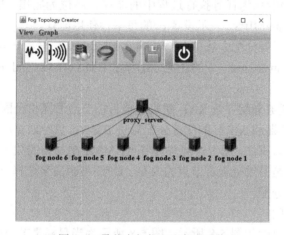

图 5-7　雾节点与代理服务器通信

图 5-5 和图 5-6 中的参数从上到下含义依次是：设备名、逻辑图层次、上传带宽、下载带宽、百万条指令每秒（million instructions per second，MIPS）、随机存储器（random access memory，RAM）和每使用一个 MIPS 的成本（cost per MIPS used，Rate/MIPS）。图 5-7 所示为雾节点与代理服务器通信的树形图，其中，代理服务器是雾节点的父节点。

2.　实验测试指标

为了验证所提出算法的有效性，使用 3 组对比实验验证模型与算法性能。仿真实验对象包括以下 4 个方面。

1）执行时间（execution time）为

$$\text{execution time} = T_{\text{Finish}} - T_{\text{Start}} \tag{5-14}$$

式中，T_{Start} 为仿真实验开始的时间；T_{Finish} 为仿真实验结束的时间。

2）延迟：见式（5-5），延迟是评估算法性能的重要参数之一，直接影响雾服务的质量。

3）带宽消耗（network usage）为

$$\text{network usage} = \sum \text{Lco}(c_a, t_b) \times \text{Mem}(t_b) \qquad (5\text{-}15)$$

式中，带宽消耗为任务执行过程中发送和接收任务数据所产生消耗的总和；$\sum \text{Lco}(c_a, t_b)$ 见式（5-7）；$\text{Mem}(t_b)$ 为任务数据的大小。

4）能耗（energy consumed）为

$$\text{energy consumed}(c_a) = \text{Lcu}(c_a, t_b) \times \text{Rate} / \text{MIPS}_{ca} \qquad (5\text{-}16)$$

式中，设备 c_a 的能耗为任务执行过程中的能耗，单位为兆焦（MJ）；$\text{Lcu}(c_a, t_b)$ 见式（5-10）；$\text{Rate}/\text{MIPS}_{ca}$ 表示设备 c_a 的每毫秒使用能耗。

选取随机的任务分配方法 RA（random allocation）与基于贝叶斯[17]和 MRA（mobile resource awareness）[39]的任务分配算法 BMA（Bayes and mobile awareness）相比较：

1）随机的任务分配方法 RA：随机挑选目标节点和随机分配子任务。

2）基于贝叶斯和 MRA 的任务分配算法 BMA：贝叶斯算法属于基于统计学的经典的机器学习算法，用于过滤恶意节点；MRA 是最新的关于边缘计算的任务分配算法，功能是通过分析雾节点的内存、CPU 与距离来选择合适的目标节点，然后进行子任务分配。

（1）执行时间

算法的执行时间如图 5-8 所示。图 5-8 所示为当目标雾节点的数量 m 分别为 5、6、10 时，3 组算法的执行时间数据。分析数据可以发现，所提出的算法（Proposed 算法）的执行时间相对较低。

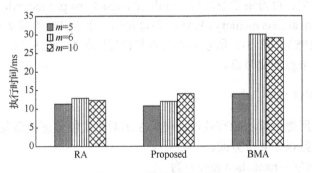

图 5-8　算法的执行时间

（2）延迟

雾节点的延迟如图 5-9 所示。图 5-9 所示为当仿真实验中目标雾节点的数量为 6 时，雾节点执行任务的延迟。比较 3 种不同方法的延迟数据后再比较目标节点的延迟峰值，可发现 Proposed 算法延迟最低。

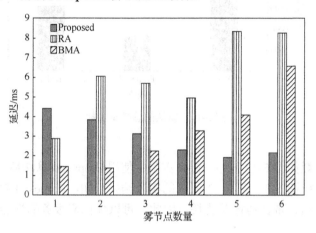

图 5-9　雾节点的延迟

（3）带宽消耗

带宽消耗如图 5-10 和图 5-11 所示。图 5-10 所示为当 3 组算法中目标雾节点总数为 6 时，得到的单个雾节点的带宽消耗。图 5-11 所示为任务执行过程中雾节点的带宽消耗之和。通过比较 3 种不同算法的带宽消耗数据可以发现，Proposed 算法效果显著。其中，分析后可以发现 Proposed 算法降低了带宽消耗，并且有效节约了带宽资源。

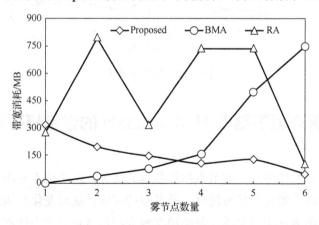

图 5-10　单个雾节点的带宽消耗

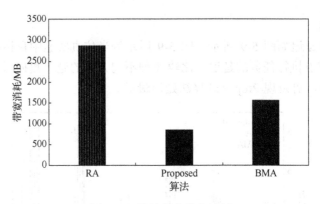

图 5-11　算法的总带宽消耗

（4）能耗

雾节点能耗如图 5-12 所示。仿真实验中使用 Proposed 算法后，雾节点的能耗较低。通过分析图 5-8～图 5-12 所示的实验结果可知，Proposed 算法具有较低的执行时间、延迟、带宽消耗及能耗，因此，可以优化雾服务的性能。

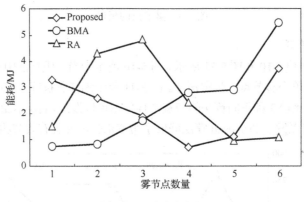

图 5-12　雾节点能耗

5.3 雾环境下基于 Markov chain 的容错模型和策略

当雾节点分配任务后，雾节点执行各自的任务，但是由于分布式异构运行环境使雾节点随时可能发生状态转移，雾节点的可靠性随时变化，因此需要分析任务分配后的雾服务调用可靠性，包括动态地分析雾节点的状态转移，以选取容错策略。为此，提出基于 Markov chain 的容错方法，利用动态分布参数分析雾节点的实时可靠性，在此基础上基于连续时间 Markov chain 对雾节点的状态转移过程建模，利用 Chapman-Kolmogorov 方程分析该模型稳定状态的概率，并基于稳定概率选取代价价值最低的容错策略。

5.3.1　雾系统状态的建模分析

1. 基于 Markov chain 刻画单个雾节点的状态转移过程

假设雾节点的寿命 L 服从参数为 λ 的指数分布[20, 34-35]，密度函数为

$$f(t) = \begin{cases} \lambda e^{-\lambda t}, & \lambda > 0, \ t \geq 0 \\ 0, & \text{其他} \end{cases} \tag{5-17}$$

则在雾节点工作 $t(t \geq 0)$ 时间后，其可靠度 Pe 为

$$\text{Pe} = \text{Pe}\{L \geq t\} = \int_t^{+\infty} \lambda e^{-\lambda t} dt = e^{-\lambda t}, \quad \lambda > 0, \quad t \geq 0 \tag{5-18}$$

雾节点失效后的修复时间 Y 服从参数为 μ 的指数分布[34-35]，修复时间的分布函数为

$$R\{Y \leq t\} = 1 - e^{-ut}, \quad t \geq 0, \quad u > 0 \tag{5-19}$$

雾节点的状态分为正常和失效两种，其中用状态 0 表示雾节点正常工作，用状态 1 表示雾节点因故障无法工作，则一个雾节点的状态空间如下：

$$E = \{0, 1\} \tag{5-20}$$

令

$$X(t) = \begin{cases} 0, & \text{若}t\text{时刻雾节点正常工作} \\ 1, & \text{若}t\text{时刻雾节点无法工作} \end{cases}$$

分析可知，$X(t)$ 是一个连续时间 $t \geq 0$、有限状态空间为 $E = \{0, 1\}$ 的 Markov 过程。由于指数分布无记忆性，雾节点在 t 时刻之后的状态由 $X(t)$ 决定，与 t 时刻之前的状态无关。假设雾节点工作了 $t(t \geq 0)$ 时间后当前的状态为正常，即 0，而且下一时刻，即 $t + \Delta t$ 时雾节点的状态仍正常，即 0，则该雾节点的状态转移概率 $P_{00}(\Delta t)$ 为

$$p_{00}(\Delta t) = P\{X(t+\Delta t) = 0 \mid X(t) = 0\}$$
$$= P\{L \geqslant t + \Delta t \mid L \geqslant \Delta t\}$$
$$= 1 - \lim_{\Delta t \to 0}\left(\int_0^{\Delta t} \lambda e^{-\lambda t}\,\mathrm{d}t\right)$$
$$= 1 - \lim_{\Delta t \to 0}(-e^{-\lambda \Delta t} + 1)$$
$$= 1 - (\lambda \Delta t - 1 + 1)$$
$$= 1 - \lambda \Delta t \tag{5-21}$$

因此，结合式（5-17）～式（5-21）可得雾节点对应的状态转移矩阵：

$$\begin{bmatrix} p_{00} & p_{01} \\ p_{10} & p_{11} \end{bmatrix} = \begin{bmatrix} p_{00} & 1-p_{00} \\ p_{10} & 1-p_{10} \end{bmatrix} = \begin{bmatrix} 1-\lambda \Delta t & \lambda \Delta t \\ \mu \Delta t & 1-\mu \Delta t \end{bmatrix}, \quad \Delta t > 0 \tag{5-22}$$

2. 基于 Markov chain 刻画多个雾节点组成的雾系统的状态转移过程

假设雾系统由 N 个相互独立的雾节点组成，每个雾节点的寿命密度函数均如式（5-17）所示，失效后的修复时间均如式（5-19）所示。

令 $X(t)=i$（t 时刻雾系统内有 i 个故障的雾节点，$0 \leqslant i \leqslant N$）。$S=\{0, 1, \cdots, N\}$，为雾系统所有的可达状态集，该状态集表示雾系统一共有 $N+1$ 种状态，其中，当雾系统的状态值为 0 时，表示该雾系统无因故障而失效的雾节点，即全部正常工作；当雾系统的状态值为 N 时，表示该雾系统因故障而失效的雾节点数量为 N，即全部的雾节点因故障而失效导致无法工作。综上所述，当雾系统的状态为 s_i 时，表示此时有 i 个故障的雾节点。

假如某一时刻 t 雾系统的状态为 s_i，即雾系统当前故障的雾节点数为 i，则下一时刻 $t+\Delta t$ 故障的雾节点数量可能多一个、少一个或保持不变，因此其对应的状态转移概率函数分为 3 种情况。由 Markov chain 性质可知，这 3 种状态转移函数之和为 1；假如下一时刻 $t+\Delta t$ 的故障雾节点多一个，说明当前时刻 t，雾系统中剩下的正常雾节点 $N-i$ 中有一个出现故障，由式（5-22）可知单个雾节点由正常状态转到故障状态的转移概率为 $\lambda \Delta t$，同时雾节点间相互独立，每一个都有故障的可能性，因此对应的转移概率为 $(N-i)\lambda \Delta t$；相反，少一个故障雾节点的分析与此类似，其对应的转移概率为 $i\mu \Delta t$；而雾系统内雾节点数量保持不变的概率，为这 3 种情况的概率之和 1 减去以上两种情况。因此，其对应的状态转移函数 $P_{s_i s_j}(\Delta t)$ 为

$$P_{s_i s_j}(\Delta t) = P\{X(t+\Delta t) = s_j \mid X(t) = s_i\}$$

$$= \begin{cases} (N-i)\lambda \Delta t, & s_i \in S, s_i \neq N; s_j = s_i + 1 \\ i\mu \Delta t, & s_i \in S, s_i \neq 0; s_j = s_i - 1 \\ 1 - (N-i)\lambda \Delta t - i\mu \Delta t, & s_i \in S, s_j = s_i \end{cases} \tag{5-23}$$

由式（5-23）可得在 Δt 时间内雾系统状态转移的 Markov 过程，如图 5-13 所示。

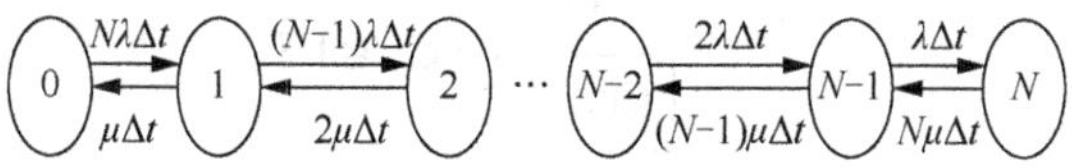

$$\boxed{0} \overset{N\lambda\Delta t}{\underset{\mu\Delta t}{\rightleftarrows}} \boxed{1} \overset{(N-1)\lambda\Delta t}{\underset{2\mu\Delta t}{\rightleftarrows}} \boxed{2} \cdots \boxed{N-2} \overset{2\lambda\Delta t}{\underset{(N-1)\mu\Delta t}{\rightleftarrows}} \boxed{N-1} \overset{\lambda\Delta t}{\underset{N\mu\Delta t}{\rightleftarrows}} \boxed{N}$$

图 5-13　雾系统状态转移图

结合式（5-23）得 Chapman-Kolmogorov 方程：

$$\begin{cases} N\mu\pi_N = \lambda\pi_{N-1} \\ (i\lambda + (N-i)\mu)\pi_{N-i} = (N-i+1)\mu\pi_{N-(i-1)} + (i+1)\lambda\pi_{N-(i+1)} \\ N\lambda\pi_0 = \mu\pi_1 \\ \sum_{i=0}^{N} \pi_i = 1 \end{cases} \quad (5\text{-}24)$$

由式（5-24）可得

$$\pi_i = \frac{C_N^i(\lambda/\mu)^i}{\sum_{k=0}^{N} C_N^k(\lambda/\mu)^k}, \quad 0 \leqslant i \leqslant N \quad (5\text{-}25)$$

式中，π_i 表示雾系统中有 i 个雾节点发生故障的稳态概率。

5.3.2　基于 Markov chain 的容错策略的相关定义

1. 容错策略

容错策略 C_j：表示使用雾节点集 C_j 代替因故障而无法正常工作的雾节点集 T_i。

2. 价格

假设雾节点集 T_i 故障，选择容错策略 C_j 需要付出的价格记为 $\tilde{p}_{C_j}$，则有

$$\tilde{p}_{C_j} = \begin{cases} 0, & C_j \notin \mathrm{FT} \\ \sum_{k=0}^{m} \tilde{p}_k, & k \in C_j, C_j \in \mathrm{FT} \end{cases} \quad (5\text{-}26)$$

式中，FT 表示容错策略集合；$\tilde{p}_{C_j}$ 是容错策略 C_j 内所有雾节点 k 的价格之和。

3. 时间

假设雾节点集 T_i 故障，选择容错策略 C_j 的时间记为 $\tilde{t}_{C_j}$，则有

$$\tilde{t}_{C_j} = \begin{cases} 0, & C_j \notin FT \\ \dfrac{M}{\min V_i}, & C_j \in FT \end{cases} \tag{5-27}$$

式中，$\min V_i$ 表示该容错策略 C_j 内雾节点组合中性能最差的雾节点的处理速度，单位为 MIPS；M 表示需要处理的指令数，单位为 MI。

4. 容错策略的代价函数

容错策略 C_j 的代价函数 U_{C_j} 表示选择该策略下的时间和价格的综合代价，有

$$
\begin{aligned}
U_{C_j} &= \alpha \frac{\tilde{p}_{C_j} - \min \tilde{p}_{C_i}}{\max \tilde{p}_{C_i} - \min \tilde{p}_{C_i}} + \beta \frac{\tilde{t}_{C_j} - \min \tilde{t}_{C_i}}{\max \tilde{t}_{C_i} - \min \tilde{t}_{C_i}} \\
&= \alpha \frac{\tilde{p}_{C_j} - \min \tilde{p}_{C_i}}{\max \tilde{p}_{C_i} - \min \tilde{p}_{C_i}} + \beta \frac{\left(\dfrac{M}{\min V_i}\right) - \left(\dfrac{M}{\max V}\right)}{\left(\dfrac{M}{\min V}\right) - \left(\dfrac{M}{\max V}\right)} \\
&= \alpha \frac{\tilde{p}_{C_j} - \min \tilde{p}_{C_i}}{\max \tilde{p}_{C_i} - \min \tilde{p}_{C_i}} + \beta \left(\frac{\max V - \min V_i}{\max V - \min V} \times \frac{\min V}{\min V_i}\right)
\end{aligned} \tag{5-28}
$$

式中，α、β 表示权重因子，$\alpha + \beta = 1$，$0 \le \alpha \le 1$，$0 \le \beta \le 1$；$\max \tilde{p}_{C_i}$、$\min \tilde{p}_{C_i}$、$\max \tilde{t}_{C_i}$、$\min \tilde{t}_{C_i}$ 分别表示当雾节点集 T_i 故障后容错策略集合中价格的最大值和最小值、容错策略集合中时间的最大值和最小值；$\max V$、$\min V$ 分别表示容错集 FT 中性能最优和最差的雾节点的处理速度；$\min V_i$ 表示当前容错策略 C_j 中性能最差的雾节点的处理速度。式（5-28）表示当前容错策略的时间和价格的综合代价，即计算当前的策略与容错集合中价格最优和时间最优策略的差值，当前策略 C_j 越接近两者最优时，综合代价越低。

5.3.3 基于 Markov chain 的容错策略选择算法

为了优化雾计算服务的性能，容错策略的选择非常重要。如果容错策略价格高，则容错时间会相应缩短，但是价格高会导致容错成本高；反之，如果容错策略成本低，可能造成容错时间增加。因此，合理的容错策略应兼顾容错的时间和成本。

提出基于 Markov chain 容错策略的选择算法，该算法首先构建容错策略集合，然后通过 Markov chain 预测系统状态转移的过程以计算稳态概率，利用其不同的

容错策略有着不同的综合代价以选取代价低的容错策略，如算法 5-4 所示。

算法 5-4　基于 Markov chain 的容错策略选择算法
输入参数：$N, \lambda, \mu, \alpha, \beta, \text{FT}$;
输出参数：C_j;

Begin
1　　Min $U_k \leftarrow 1$;
2　　**For** (int $k=0$; $k<N$; $k++$)
3　　　　Calculate π_k of each state;　　/*利用式（5-25）计算各个状态的稳态概率*/
4　　**EndFor**
5　　**If** $\pi_k >$ THRESHOLD
6　　　　Select C_j from FT;
7　　　　Compute the value of fault-tolerant policy C_j;　　/*利用式（5-28）计算容错策略 C_j 的代价*/
8　　**If** $U_{C_j} <$ Min U_k
9　　　　Min $U_k = U_{C_j}$;
10　　　　Return C_j;　　/*选取代价最低的容错策略*/
11　　**EndIf**
12　　**EndIf**
End

算法 5-4 的最大时间复杂度为 $O(k)$，其先分析雾系统各个状态的稳态概率（见语句 1 和语句 2），然后考虑不同雾系统故障发生的概率，如果雾系统以高概率进入异常状态，则为雾系统选择综合代价低的容错策略。具体为计算不同容错策略的综合代价，以代价为参考依据，选取代价最低的容错策略（见语句 5～语句 9）。

1. 优化的模拟退火算法

当有数百个雾节点要被处理时，上述算法将变得不适用，因为需要太多的计算资源。因此，设计一种优化了的模拟退火算法来寻找最优解或最接近最优的解，该方法拥有模拟退火算法能够很好地处理陷入局部最优解问题的能力。模拟退火算法在理论上只要设置的最低温度很低就有百分之百的概率能找到一个全局最优解，并且在每个温度下只要有足够的迭代次数就能达到热平衡。优化后的模拟退火算法采用以下机制来加速并且获得最优或接近最优的解。

1）在退火过程中设计一个双重机制。当在当前的迭代中产生突变时，该机制有可能会产生两个后代。根据适者生存的原则，选择一个更好的后代，这种做法能够进行改进，从而获得更好的解。

2）为具有冷却系数的退火进程设计了一个冷却机制，这种机制可以提高退火速度和改进的模拟退火（improved simulated annealing，ISA）算法的效率。

3）ISA 算法引入了一种多通道的退火机制，以相同的初始值多次退火，因此跳过局部最优值从而获得全局最优解。ISA 算法的流程如图 5-14 所示。

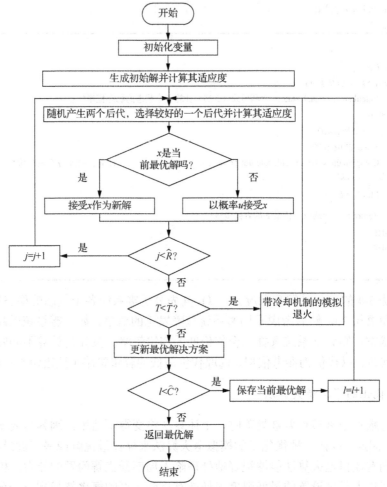

$\hat{R}$ 是退火的最大迭代次数，$\tilde{T}$ 是最低温度，$\hat{C}$ 是通道数量的阈值。

图 5-14　ISA 算法的流程

2. ISA 算法的 4 个主要部分

（1）初始化

它包括初始化变量，如产生一个初始解并计算其适应度。

（2）产生一个新的解

当前的解表示为 x，最后一次迭代的最优解表示为 y^*。我们设计一种双重机制产生两个后代，并且选择较优的后代作为当前的解。

分别让 $\tilde{f}_x$ 和 $\tilde{f}_{y^*}$ 表示 x 和 y^* 的适应度，根据 Metropolis 准则[40]，解 x 被作为新解的概率为 u，有

$$u = \begin{cases} 1, & f_x < f_{y^*} \\ \mathrm{e}^{\frac{-\delta}{T}}, & \text{其他} \end{cases} \tag{5-29}$$

式中，$\delta = \tilde{f}_x - \tilde{f}_{y^*}$；$T$ 为当前的温度。如果 $\tilde{f}_x < \tilde{f}_{y^*}$，则意味着解 x 是当前的最优解（表示为 x^*）并且能够被接受；否则，x 被接受的概率为 $\mathrm{e}^{\frac{-\delta}{T}}$。

（3）判断退火是否结束

设 Q 为用来控制冷却规模的系数。若 $T \leqslant \tilde{T}$，则退火结束。若 $T > \tilde{T}$，则 $\tilde{T}$ 是最低温度，令冷却机制为

$$T = QT \tag{5-30}$$

Q 的计算式为

$$Q = \frac{1}{1 + \mathrm{e}^{-(V+B)}} \tag{5-31}$$

式中，V 为 $\delta[i] = \tilde{f}_{x^*} - \tilde{f}_{y^*}$ 在 $i \in [0, \hat{C})$ 的迭代中的归一化方差；$\hat{C}$ 为通道数量的阈值；B 为防止 Q 急剧下降的偏置量。

（4）多通道退火

多通道退火机制是用相同的初始值多次退火，从而获得最优解。变量 l 用来存储通道数，$\hat{C}$ 是通道数的阈值。这表示要进行 $\hat{C}$ 次退火进而获得最优解。

3．ISA 算法

ISA 算法如算法 5-5 所示，解释如下。

1）在初始化阶段，选择开销最低的 L 个节点作为初始解（见语句 1）。

2）3 个循环：第一个循环实现多通道退火机制（见语句 5～语句 27），其中 $\hat{C}$ 是通道数量的阈值；第二个循环实现冷却机制（见语句 9～语句 25）；第三个循环用来产生新的解（见语句 10～语句 19），其中 $\hat{R}$ 是退火的最大迭代次数。

算法 5-5　ISA 算法

输入参数: F, L;　/*F 代表节点搜索空间，L 代表合适的节点数量*/

输出参数: $x*$;　/*最优解*/

Begin	
1	Initial_solution ← Generate an initial solution with the lowest cost;
2	Obtain $\hat{C}$, $\hat{R}$, $\check{T}$, and B;
3	$T \leftarrow 1$;　/*the initial temperature during annealing*/;
4	Vector $D[] \leftarrow$ Null;
5	**For** ($l=0$; $l<\hat{C}$; l++)　/*multi-channel mechanism*/
6	$I \leftarrow 0$;
7	$Y \leftarrow$ Initial_solution;
8	$y* \leftarrow y$;　/* $y*$ is the best solution from the last iteration*/
9	**While** $T > \check{T}$
10	**For** ($j=0$; $j<\hat{R}$; j++)　/* $\hat{R}$ is the maximum iteration count for annealing */
11	$x \leftarrow$ Randomly generate two offspring and select the better one;
12	$\delta = \tilde{f}_x - \tilde{f}_{y*}$;
13	**If** $\tilde{f}_x < \tilde{f}_{y*}$　/*if true, it means solution x is the current best solution */
14	$x* \leftarrow x$;　/*accept x as a new solution*/
15	**Else**
16	$u = \exp(-\delta/T)$
17	$x* \leftarrow x$ is accepted with probability u;
18	**EndIf**
19	**EndFor**
20	$\tilde{\delta}[i] \leftarrow f_{x*} - \tilde{f}_{y*}$; i++;
21	$V \leftarrow$ compute the variance of normalized δ;
22	$Q \leftarrow 1/(1+\exp(-(V+B)))$;　/*$Q$ denotes the cooling coefficient*/
23	$T = Q \times T$;　/*An annealing mechanism*/
24	$y* \leftarrow x*$;
25	**EndWhile**
26	$D[l] \leftarrow x*$;
27	**EndFor**
28	$x* \leftarrow$ Select the best one from D;
29	**Return** $x*$;
End	

5.3.4　实验与分析

实验是在 MyEclipse 平台上进行的，实验环境：①硬件——Intel Core i7、2.50GHz CPU，4GB 内存；②软件——Windows 10 操作系统；③编程语言——Java。

1）算法参数参考文献[23]和文献[41]，如表 5-2 所示。

表 5-2　算法参数

参数	参数描述	参数取值
λ	雾节点寿命的参数，单位为 $10^{-3}h^{-1}$	0.5、1、1.5
μ	雾节点修复的参数，单位为 $10^{-3}h^{-1}$	0.5、1、1.5
α	权重因子	0.3、0.5、0.7
β	权重因子	0.3、0.5、0.7
M	指令数，单位为 MI	1500
N	雾系统内雾节点的总数	4、5、6、10

2）雾节点的参数参考文献[42]和文献[43]，如表 5-3 所示。

表 5-3　容错策略中雾节点的参数

雾节点编号	处理能力/MIPS	价格/美元	雾节点编号	处理能力/MIPS	价格/美元	雾节点编号	处理能力/MIPS	价格/美元	雾节点编号	处理能力/MIPS	价格/美元
0	4000	4000	6	5000	5000	12	1000	1000	18	1000	1000
1	5000	5000	7	5000	5000	13	3000	3000	19	3000	3000
2	2000	2000	8	2000	2000	14	3000	3000	20	3000	3000
3	2000	2000	9	2000	2000	15	1500	1000	21	4000	4000
4	1000	1000	10	3000	3000	16	2000	2000	22	4000	4000
5	1000	1000	11	4000	4000	17	5000	5000	23	5000	5000

3）对比方法：将本节提出的方法与随机选取容错策略 RA 和基于效用的容错策略 UA（utility algorithm）[23]方法进行比较。

① 随机的方法 RA：随机选择容错策略。

② 基于效用的容错策略 UA：通过定义效用函数（包括时间效用和成本效用）选取效用值高的容错策略。

4）雾节点的可靠度，如图 5-15 所示。

图 5-15 所示为动态设置参数后单个雾节点的可靠度，可以看出随着工作时间的增加，雾节点的可靠度值逐渐降低，同时寿命参数的值越大，相对来说雾节点的可靠度越低。

5）雾节点修复时间的概率分布函数，如图 5-16 所示，该图是动态设置参数后的雾节点修复时间的概率分布函数图，可以看出随着修复时间的增加，概率分布函数的值逐渐增加，同时修复参数的值越大，相对来说概率分布函数的值越大。

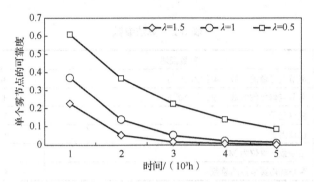

图 5-15　单个雾节点的可靠度

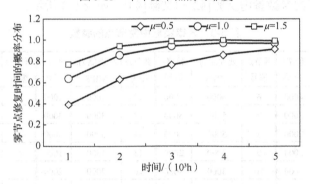

图 5-16　雾节点修复时间的概率分布函数

6）不同分布参数下雾系统内雾节点全部正常工作的稳态概率，如图 5-17 所示，该图中横坐标 1、2、3 对应的参数值分别为 $\lambda=\mu=0.5$；$\lambda=0.5$，$\mu=1$；$\lambda=1$，$\mu=0.5$，其描述的是 4 种不同雾节点总数对应的雾系统稳态 π_0 概率图。从图中可以看出，一方面雾系统内雾节点总数越少，其对应的雾系统稳态 π_0 的值越大；相反，雾节点总数越多，其对应的雾系统稳态 π_0 的值越小，这说明雾系统内的雾节点总数越多，越容易出现故障雾节点。另一方面，雾节点寿命参数 λ 和修复参数 μ 的值对雾系统的稳态概率影响较大。当 λ 和 μ 取值相同，均为 0.5 时，稳态概率相差较小；当 $\lambda=0.5$，$\mu=1$ 时，不同雾系统稳态概率 π_0 的值相差较大，而且值相对另两种情况大；当 $\lambda=1$，$\mu=0.5$ 时，不同雾系统稳态概率 π_0 的值相差较小。

7）不同雾系统的稳态概率，如图 5-18～图 5-20 所示。

图 5-18 所示为在参数 $\lambda=\mu=0.5$ 的情况下，不同雾系统的稳态概率。通过分析可知，雾系统内故障雾节点的个数的稳态概率一开始随着故障雾节点数量的增加而增加，当故障雾节点的数量为雾系统内雾节点总数的一半时随着故障雾节点数量的增加而减少。

图 5-19 所示为在参数 $\lambda=0.5$，$\mu=1$ 的情况下，不同雾系统的稳态概率。通过分析可知，雾系统内故障雾节点的个数的稳态概率一开始随着故障雾节点数量的增加而增加，当故障雾节点的数量即将达到雾系统内雾节点总数的一半时随着故障雾节点数量的增加而减少。

　　图 5-20 所示为在参数 $\lambda=1$，$\mu=0.5$ 的情况下，不同雾系统的稳态概率。通过分析可知，雾系统内故障雾节点的个数的稳态概率一开始随着故障雾节点数量的增加而增加，当故障雾节点的数量大于雾系统内雾节点总数的一半时随着故障雾节点数量的增加而减少。

　　因此，综合图 5-18～图 5-20 的分析可知，不同的分布参数对雾系统的稳态概率影响较大，相同之处是虽然雾系统内雾节点的总数不同，但是雾节点全部故障或全部正常工作的概率相对较低；不同之处是雾系统稳态概率的最大值所对应的雾系统稳态不同。

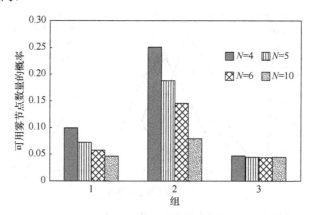

图 5-17　雾系统内雾节点全部正常工作的稳态概率

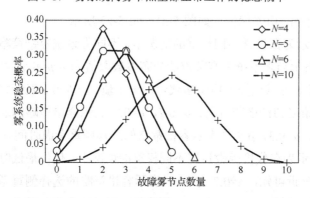

图 5-18　不同雾系统的稳态概率（$\lambda=0.5$，$\mu=0.5$）

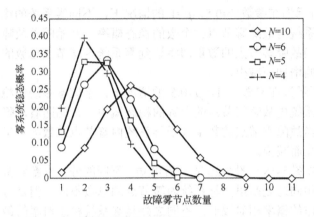

图 5-19　不同雾系统的稳态概率（ $\lambda = 0.5$ ， $\mu = 1$ ）

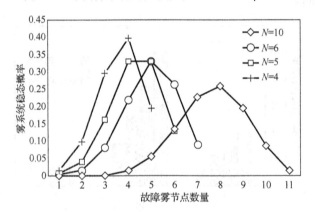

图 5-20　不同雾系统的稳态概率（ $\lambda = 1$ ， $\mu = 0.5$ ）

8）容错策略的相关代价，如图 5-21～图 5-23 所示。

图 5-21 所示为在设置不同权重的情况下，不同雾系统容错策略的代价函数最小值。纵坐标表示当雾系统中雾节点的分布参数取值为 $\lambda = \mu = 0.5$ ，稳态概率的阈值为 0.3 的情况下，可以选择容错策略代价的最小值， $\alpha = \beta = 0.5$ 表示容错策略的选择综合考虑容错策略的价格和时间； $\alpha = 0.7$ ， $\beta = 0.3$ 表示容错策略的选择侧重考虑容错策略的价格； $\alpha = 0.3$ ， $\beta = 0.7$ 表示容错策略的选择侧重考虑时间。

图 5-22 所示为在代价函数设置不同权重的情况下，代价最低时对应的容错策略价格。通过分析可知， $\alpha = 0.7$ ， $\beta = 0.3$ 表示容错策略的选择侧重考虑价格，此时容错策略的价格最低； $\alpha = 0.3$ ， $\beta = 0.7$ 表示容错策略的选择侧重考虑时间，此时容

错策略的价格最高；$\alpha=0.5$，$\beta=0.5$ 表示容错策略综合考虑时间和价格，此时容错策略的价格处于前两者之间；当参数的值随机时，此时容错策略的价格处于波动状态。

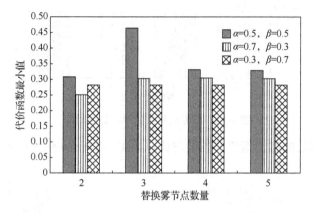

图 5-21　所提出算法的容错策略最小代价

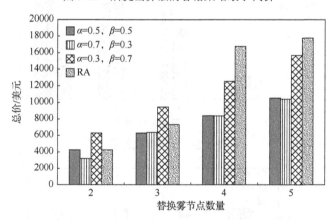

图 5-22　所提出算法的容错策略价格

图 5-23 所示为在代价函数设置不同权重的情况下，代价最低的时候对应的容错策略时间。通过分析可知，$\alpha=0.7$，$\beta=0.3$ 表示容错策略侧重考虑价格，此时容错策略的时间较长；$\alpha=0.3$，$\beta=0.7$ 表示容错策略侧重考虑时间，此时容错策略的时间较短；$\alpha=0.5$，$\beta=0.5$ 表示容错策略综合考虑时间和价格，此时容错策略的时间处于前两者之间；当参数的值随机时，此时容错策略的时间处于波动状态。

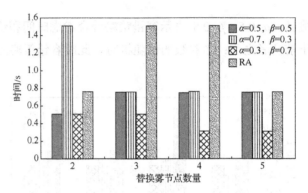

图 5-23　所提出算法的容错策略时间

9）不同算法的容错策略的性能对比，如图 5-24～图 5-26 所示。

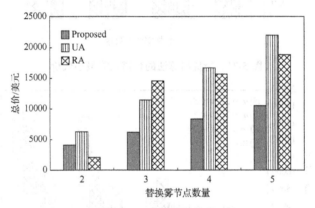

图 5-24　容错算法价格

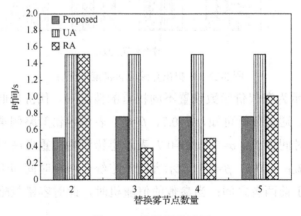

图 5-25　容错算法时间

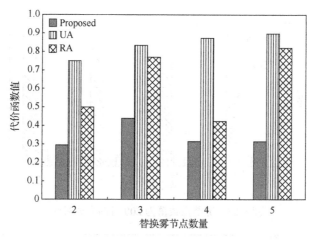

图 5-26　容错算法代价

分析图 5-24～图 5-26 可知，所提容错策略选择算法相对于随机选择算法 RA 和基于效用的算法 UA 的时间、价格、综合代价偏低，因此 Proposed 算法性能较优。

结合图 5-15～图 5-26 的实验数据分析可知，本节提出的方法不仅进行了参数动态化设置，而且设计了故障雾节点的状态转移模型和容错策略。因而增加了决策者选择容错策略的理论依据，并且可以根据其对成本或时间的偏好，动态选择所需的容错策略。

10）ISA 与 DDE、SA、RA 的比较。

下面比较一下 ISA 与 DDE、SA、RA 算法，实验结果如图 5-27～图 5-29 所示。

1）DDE：一种基于离散差分法的雾节点部署算法[12]，考虑了时空特性。

2）SA：一种启发式算法找到最优解[13]，与传统的算法相比，SA 具有易实现和全局搜索能力强的优点。

3）RA：随机选择后代且很难找到最优解。

4）ISA：本节提出的 ISA 是通过改进模拟退火算法来获得最优解的，具有 SA 能够解决陷入局部最优问题的能力。除此之外，ISA 能够加快求解速度并且通过孪生机制、冷却机制、多通道退火机制能够找到最优解。

当雾节点的数量是 200 时，时间、开销和适应度如图 5-27～图 5-29 所示。如图 5-27 所示，当故障雾节点的数量为 15、20、25、30 时，可以看到 DDE 完成的时间比 ISA 和 SA 长。ISA 花费的时间最少。从图 5-28 和图 5-29 可以看出，RA 的开销最大，适应度也最高。因为 RA 随机选择后代，所以很难找到最优解，因此是 4 种算法中性能最差的。图 5-30 中将故障雾节点的数量设置成 30，ISA 比 SA 收敛得更快，但是比 DDE 慢一点。综合而言，ISA 是以上算法中最好的一种。

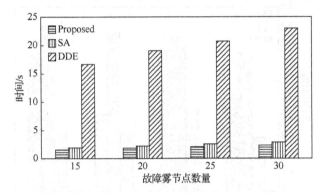

图 5-27   雾节点数量为 200 时的完成时间

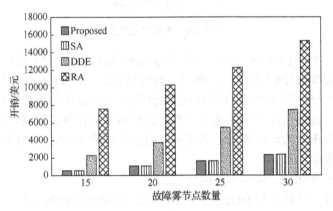

图 5-28   雾节点数量为 200 时的开销

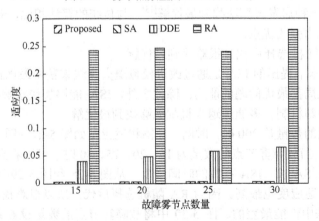

图 5-29   雾节点数量为 200 时的适应度

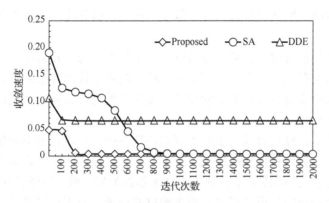

图 5-30　雾节点数量为 200 时的收敛速度

5.4 总结与展望

5.4.1 本章小结

本章主要完成了如下工作。

1）阐述了雾环境下的任务分配方法和容错方法的研究背景、研究意义和研究现状，并介绍了相关理论基础。

2）针对现有的雾计算环境下的任务分配方法存在计算难度较大、存储开销大和安全性低等不足，提出一种基于过滤机制的任务分配方法。该方法首先分析代理服务器接收到的相关数据，获取雾节点的运行状态；然后采用结合标签的 Bloom Filter 机制，设计优化的目标节点选择算法，以获得满足任务需求的目标节点；最后基于最小延迟的任务分配算法为目标节点分配任务。该方法在降低获取目标节点的时间和分配任务的成本的同时，提高了任务执行的安全性和可靠性。实验结果表明该方法可以有效地优化雾服务的性能。

本章提出的方法考虑情况较为简单，后续工作将深入研究复杂、多变的真实环境下雾系统中雾节点的状态转移情况，进而设计可扩展性强的容错策略，以进一步提高雾服务的可靠性，从而优化雾服务的性能。

3）针对雾环境中随时可能出现失效的雾节点降低服务质量或导致服务数据丢失等隐患，提出基于 Markov chain 的容错模型和策略，该方法利用动态分布参数分析雾节点的实时可靠性，在此基础上基于连续时间 Markov chain 对雾节点的状态转移过程建模，利用 Chapman-Kolmogorov 方程分析该模型稳定状态的概率，并基于稳定概率选取代价最低的容错策略。理论分析和实验结果表明该方法是可行和有效的。

该方法虽然能有效优化雾服务的性能，但是考虑问题较为单一。后续工作将深入学习和研究在复杂、多变的雾系统环境下高可靠性的容错方法。未来在实际应用中，可以考虑它与复杂的工业生产环境等其他复杂的真实环境相结合，以实现系统智能化运作。

同时由于雾计算是近几年出现的新兴研究方向，它还有很多领域（如智能通信协议设计、数据隐私保护等领域）待继续深入研究。因此，容错策略可以综合隐私保护等问题具体化分析，从而提高任务数据的安全性，降低数据泄露的风险。综上所述，容错策略的设计可以考虑多维度的问题，而不仅仅是从容错成本和容错时间两个方面进行分析。

5.4.2 研究工作展望

1）本章主要提出雾环境下基于任务分配与容错机制的服务性能优化相关方法，并未将其应用至相关领域，后续可从实际应用着手，将其应用至智能化生活中。

2）本章虽然针对雾环境下雾服务的相关问题进行了重点研究，但是雾服务的性能还包括其他方面，如数据安全、隐私泄露等，需要进一步深入研究。

3）由于雾环境下雾节点的异构性强，不同应用的雾节点功能属性不同，一方面其修复参数和寿命参数需要更多地收集真实数据，以提高系统建模的准确性；另一方面，系统模型需要针对不同应用中的雾节点分工具体化，以降低建模的误差。

参 考 文 献

[1] 周悦芝, 张迪. 近端云计算: 后云计算时代的机遇与挑战[J]. 计算机学报, 2019, 42 (4): 677-700.

[2] 曾建电, 王田, 贾维嘉, 等. 传感云研究综述[J]. 计算机研究与发展, 2017, 54 (5): 925-939.

[3] 贾维嘉, 周小杰. 雾计算的概念、相关研究与应用[J]. 通信学报, 2018, 39 (5): 153-165.

[4] CHEN D, ZHAO H. Data security and privacy protection issues in cloud computing[C]//Hangzhou, China: IEEE International Conference on Computer Science and Electronics Engineering, 2012: 647-651.

[5] RAN M, BAI X Y. Vehicle cooperative network model based on hypergraph in vehicular fog computing[J]. Sensors, 2020, 20(8): 2269.

[6] PANG A C, CHUNG W H, CHIU T C, et al. Latency-driven cooperative task computing in multi-user fog-radio access networks[C]//Atlanta, GA, USA: 2017 IEEE 37th International Conference on Distributed Computing Systems, 2017: 615-624.

[7] SENGUPTA A, TANDON R, SIMEONE O. Fog-aided wireless networks for content delivery: Fundamental latency tradeoffs[J]. IEEE Transactions on Information Theory, 2017, 63(10): 6650-6678.

[8] BERALDI R, ALNUWEIRI H, MTIBAA A. A power-of-two choices based algorithm for fog computing[J]. IEEE Transactions on Cloud Computing, 2020, 8(3): 698-709.

[9] 武义涵，黄罡，张颖，等. 一种基于模型的云计算容错机制开发方法[J]. 计算机研究与发展，2016，53（1）：138-154.

[10] LIU J L, WANG S G, ZHOU A, et al. Using proactive fault-tolerance approach to enhance cloud service reliability[J]. IEEE Transactions on Cloud Computing, 2018, 6(4): 1191-1202.

[11] QIU X W, DAI Y S, XIANG Y P, et al. Correlation modeling and resource optimization for cloud service with fault recovery[J]. IEEE Transactions on Cloud Computing, 2019, 7(3): 693-704.

[12] QIU X W, DAI Y S, XIANG Y P, et al. A hierarchical correlation model for evaluating reliability, performance, and power consumption of a cloud service[J]. IEEE Transactions on Systems, Man and Cybernetics: Systems, 2016, 46(3): 401-412.

[13] LAN Z L, ZHENG Z M, LI Y W. Toward automated anomaly identification in large-scale systems[J]. IEEE Transactions on Parallel and Distributed Systems, 2010, 21(2): 174-187.

[14] DALTON L A, DOUGHERTY E R. Intrinsically optimal Bayesian robust filtering[J]. IEEE Transactions on Signal Processing, 2014, 62(3):657-670.

[15] YANG H Q, LING G, SU Y X, et al. Boosting response aware model-based collaborative filtering[J]. IEEE Transactions on Knowledge and Data Engineering, 2015, 27(8): 2064-2077.

[16] KAO S C, LEE D Y, CHEN T S, et al. Dynamically updatable ternary segmented aging bloom filter for openflow-compliant low-power packet processing[J]. IEEE/ACM Transactions on Networking, 2018, 26(2): 1004-1017.

[17] MUN J H, LIM H. Cache sharing using a bloom filter in named data networking[C]//Santa Clara, CA, USA: ACM/IEEE Symposium on Architectures for Networking and Communications Systems, 2016: 127-128.

[18] 田小梅，张大方，谢鲲，等. 计数布鲁姆过滤器代数运算[J]. 计算机学报，2012，35（12）：2598-2617.

[19] 庞善臣，林闯. 可重写 Petri 网：位置可重写及性质分析[J]. 计算机学报，2012，35（10）：2182-2193.

[20] BRUNEO D. A stochastic model to investigate data center performance and QoS in IaaS cloud computing systems[J]. IEEE Transactions on Parallel and Distributed Systems, 2014, 25(3): 560-569.

[21] ZHU L Z, TAN S C, ZHANG W S, et al. Validation of pervasive cloud task migration with colored petri net[J]. Tsinghua Science and Technology, 2016, 21(1): 89-101.

[22] JAMMAL M, KANSO A, HEIDARI P, et al. Evaluating high availability-aware deployments using stochastic petri net model and cloud scoring selection tool[J]. IEEE Transactions on Services Computing, 2017, 14(1): 141-154.

[23] 范贵生，虞慧群，陈丽琼，等. 基于效用的云计算容错策略和模型[J]. 中国科学：信息科学，2014，44（1）：158-176.

[24] JIANG F C, HSU C H, WANG S G. Logistic support architecture with petri net design in cloud environment for services and profit optimization[J]. IEEE Transactions on Services Computing, 2017, 10(6): 879-888.

[25] GHOSH R, LONGO F, NAIK V K, et al. Modeling and performance analysis of large scale IaaS clouds[J]. Future Generation Computer Systems, 2013, 29(5): 1216-1234.

[26] MENGISTU T M, CHE D, ALAHMADI A. Semi-Markov process based reliability and availability prediction for volunteer cloud systems[C]//San Francisco, CA, USA: 2018 IEEE 11th International Conference on Cloud Computing, 2018: 359-366.

[27] CARVALHO G H S, WOUNGANG I, ANPALAGAN A, et al. A semi-Markov decision model-based brokering mechanism for mobile cloud market[C]//Paris, France: 2017 IEEE International Conference on Communications, 2017: 1-6.

[28] MENEGUETTE R I, BOUKERCHE A, PIMENTA A H M, et al. A resource allocation scheme based on semi-Markov decision process for dynamic vehicular clouds[C]//Paris, France: 2017 IEEE International Conference

on Communications, 2017: 1-6.

[29] BELOGLAZOV A, BUYYA R. Managing overloaded hosts for dynamic consolidation of virtual machines in cloud data centers under quality of service constraints[J]. IEEE Transactions on Parallel and Distributed Systems, 2013, 24(7): 1366-1379.

[30] GHOSH R, LONGO F, FRATTINI F, et al. Scalable analytics for IaaS cloud availability[J]. IEEE Transactions on Cloud Computing, 2014, 2(1): 57-70.

[31] XIA Y N, ZHOU M C, LUO X, et al. Stochastic modeling and quality evaluation of infrastructure-as-a-service clouds[J]. IEEE Transactions on Automation Science and Engineering, 2015, 12(1): 162-170.

[32] 张建华, 张文博, 徐继伟, 等. 一种基于隐马尔可夫模型的虚拟机失效恢复方法[J]. 软件学报, 2014, 25（11）: 2702-2714.

[33] BALAJI M, KUMAR C A, RAO G S V R K. Predictive cloud resource management framework for enterprise workloads[J]. Journal of King Saud University - Computer and Information Sciences, 2018, 30(3): 404-415.

[34] 曹晋华, 程侃. 可靠性数学引论[M]. 2 版. 北京: 高等教育出版社, 2012.

[35] 明志茂, 陶俊勇, 陈循, 等. 动态分布参数的贝叶斯可靠性分析[M]. 北京: 国防工业出版社, 2011.

[36] STEWART W J. Probability, Markov chains, queues, and simulation: The mathematical basis of performance modeling[M]. Princeton: Princeton University Press, 2009.

[37] NAGAEV S V. The berry–esseen bound for general markov chains[J]. Journal of Mathematical Sciences, 2018, 234(6): 829-846.

[38] GUPTA H, DASTJERDI A V, GHOSH S K, et al. iFogSim: A toolkit for modeling and simulation of resource management techniques in the internet of things, edge and fog computing environments[J]. Software Practice and Experience, 2017, 47(9): 1275-1296.

[39] 邓晓衡, 关培源, 万志文, 等. 基于综合信任的边缘计算资源协同研究[J]. 计算机研究与发展, 2018, 55（3）: 449-477.

[40] YAN S, PENG M G, WANG W B. User access mode selection in fog computing based radio access networks[C]// Kuala Lumpur, Malaysia: 2016 IEEE International Conference on Communications, 2016: 1-6.

[41] 何秀丽, 任智源, 史晨华, 等. 面向医疗大数据的云雾网络及其分布式计算方案[J]. 西安交通大学学报, 2016, 50（10）: 71-77.

[42] 陈玉兰, 郑骏, 胡文心. 一种多 QoS 约束的网格资源调度算法[J]. 华东师范大学学报（自然科学版）, 2009 （1）: 111-116.

[43] YI S, HAO Z, QIN Z, et al. Fog computing: platform and applications[C]//Washington, DC, USA: 2015 Third IEEE Workshop on Hot Topics in Web Systems and Technologies, 2015:73-78.

第 6 章

分布式环境下服务推荐技术

在当前服务计算背景下，针对难以获取满足用户个性化需求的可信 Web 服务问题，给出基于社会网络面向个性化需求的可信 Web 服务推荐模型；设计用户个性化功能需求分解与匹配算法，并利用 WordNet 提高功能需求语义匹配的准确性；基于服务的直接信任度、间接信任度，设计一种可信服务推荐算法，对社会网络节点信任度与服务直接信任度之间的相关性进行分析，提高服务协同推荐的性能；算法分析及仿真实验结果表明该方法是可行的和有效的。

6.1 基于社会网络面向个性化需求的可信服务推荐

6.1.1 基于社会网络面向个性化需求的可信服务推荐模型

1. 相关定义与概念

社会网络成员节点之间因为交互和联系而形成相对稳定的信任关系体系，本章给出社会网络服务信任关系定义，如定义 6-1 所示。

定义 6-1 社会网络服务信任关系：用有向图 $G=(V,\text{WS},E,F)$ 表示。顶点 V 表示社会网络节点集，$V=\{v_1,v_2,v_3,\cdots,v_n\}$，$n$ 为整数；边 E 表示社会网络节点间的信任关系集合，$E=\{(v_i,v_j)\,|\,v_i \in V\text{ 且 }v_j \in V\}$，如果社会网络节点 v_i 和 v_j 之间存在一条从 v_i 指向 v_j 的有向边 $(v_i,v_j) \in E$，则表示两个社会网络节点间存在信任关系（用 v_{ij} 表示两者间的信任值）；顶点 WS 表示服务集，$\text{WS}=\{\text{ws}_1,\text{ws}_2,\text{ws}_3,\cdots,\text{ws}_m\}$，$m$ 为整数；边 F 表示社会网络节点与服务之间有交易关系，$F=\{(v_i,\text{ws}_k)\,|\,v_i \in V\text{ 且 }\text{ws}_k \in \text{WS}\}$，若社会网络节点 v_i 和服务 ws_k 之间存在一条从 v_i 指向 ws_k 的有向边 $(v_i,\text{ws}_k) \in F$，则表示社会网络节点 v_i 与服务 ws_k 之间存在过直接服务调用交易关系，边 F 保存社会网络节点 v_i 调用服务 ws_k 后对该服务的信任信息（用 f_{ik} 表示两者间的信任值）。社会网络服务信任关系示例如图 6-1 所示。

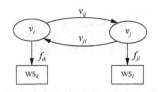

图 6-1　社会网络服务信任关系示例

图 6-1 中，社会网络节点（如 v_i 和 v_j，简称 v）的定义如下。

定义 6-2　社会网络节点 v： v=(ID, IP, NeighborList, WSList)，其中，ID 为社会网络节点的标识符，IP 为社会网络节点主机的 IP 地址，NeighborList 为节点 v 的邻居集合，WSList 为社会网络节点调用过的服务的集合。其中，NeighborList= (NeighborID, NeighborIP, v_{ij})，NeighborID 为该节点的邻居节点标识符，NeighborIP 为邻居节点主机的 IP 地址，v_{ij} 为标识符为 ID 的社会网络节点对标识符为 NeighborID 的社会网络邻居节点的信任度。WSList=(WSID, URI, Des, f_{ik})，WSID 为社会网络节点（标识符为 ID）调用过的服务的标识符，URI 为服务的资源标识符，Des 为该服务的功能描述，f_{ik} 为标识符为 ID 的社会网络节点对 WSID 服务的直接信任度。

定义 6-2 中的社会网络节点间的信任度 v_{ij}、直接信任度 f_{ik} 及间接信任度 ndt_{jk} 的含义分别如下。

1）社会网络节点间的信任度 v_{ij}：表示社会网络中节点 v_i 对社会网络中节点 v_j 的信任度。v_{ij} 由社会网络节点 v_i 与 v_j 交易的情况来设置，是在社会网络节点 v_i 与 v_j 两者交易的过程中逐渐建立的。v_{ij} 的取值范围为[-1, 1]。如果 v_i 和 v_j 两个节点之间没有交易，即两者之间尚未建立信任关联，则两者之间的社会网络信任度为 0；$i=j$，表示该节点是其自身节点，则 v_{ij}=1，表示社会网络中的各节点对自身的信任度（为最大值）；若 v_{ij}<0，则说明之前社会网络节点 v_i 对 v_j 有信任，但现在不再信任。

v_{ij} 信任值保存在 E 矩阵中，E 矩阵元素的取值如下：

$$E_{ij} = \begin{cases} v_{ij}, & v_i \text{和} v_j \text{之间有交易记录且} i \neq j \\ 0, & v_i \text{和} v_j \text{之间无交易记录} \\ 1, & i = j \end{cases} \qquad (6\text{-}1)$$

2）直接信任度 f_{ik}：社会网络节点 v_i 具有直接调用服务 ws_k 的经历，在交易的过程中 v_i 知道并收集调用服务 ws_k 的具体情况，并基于 v_i 前期与该服务交互的经历，形成 v_i 对服务 ws_k 的直接信任度，记为 f_{ik}。

社会网络节点 v_i 调用过服务 ws_k 后，形成对交易服务 ws_k 的直接信任度 f_{ik}（取值范围为[-1,1]），并保存在矩阵 $\boldsymbol{F}$ 中。初始时，当社会网络节点 v_i 与服务 ws_k 没有交易时，f_{ik} 为 0.5。社会网络节点 v_i 调用服务 ws_k，且交易成功后，f_{ik} 为(f_{ik}+1)/2。如果社会网络节点 v_i 调用过服务 ws_k，但没有交易成功，则设定 v_i 对 ws_k 的直接信任度 f_{ik} 的值为 $f_{ik}/2$。当 f_{ik} 取值为-1 时，社会网络节点 v_i 将不再信任 ws_k 并屏蔽该 ws_k。当 f_{ik} 取值为 1 时，表示 v_i 完全信任 ws_k。

基于社会网络节点之间的信任关系矩阵 $\boldsymbol{E}$ 及社会网络节点对服务的直接信任关系矩阵 $\boldsymbol{F}$，其他未与服务 ws_k 有直接经验交易的社会网络节点 v_j，可通过矩阵 $\boldsymbol{E}$ 和 $\boldsymbol{F}$，获得对服务 ws_k 的间接信任度（简称 ndt_{jk}）。

3）对服务 ws_k 的间接信任度 ndt_{jk}：如果社会网络节点 v_i（服务使用者）与服务 ws_k 之间没有任何交易，则 v_i 对 ws_k 的间接信任度是指聚合来自社会网络中其他与 ws_k 有直接交易的节点对 ws_k 的直接信任度（基于加权平均法计算），记作 ndt_{jk}，其取值范围为[-1,1]。ndt_{jk} 的计算公式如下：

$$\mathrm{ndt}_{jk} = \frac{\sum_{i=1}^{n} w_i \cdot f_{ik}}{\sum_{i=1}^{n} w_i} \tag{6-2}$$

式（6-2）中，社会网络节点 v_j 将通过社会网络中众多与 ws_k 之间有交易的服务使用者的直接经验信任度 f_{ik} 来计算 ndt_{jk}，w_i 取值介于 0 和 1 之间。由于 f_{ik} 是动态变化的，因此 ndt_{jk} 也具有动态变化的特点。

2. 可信服务推荐模型

基于上述概念与定义，本章提出基于社会网络面向用户个性化需求的可信服务推荐模型，其中，用户个性化需求的定义如下。

定义 6-3　个性化需求：用二元组表示为 $R=(F, Q[N])$，其中 F 是服务的功能需求类别，Q 表示用户对服务的性能需求约束条件，N 表示 QoS 约束的个数，每个 QoS 约束均满足一个三元组，即 $Q=(A,C,V)$，其中 A 是 QoS 的属性名称，C 是约束关系，V 是 QoS 的属性值。

本章侧重于面向 F 的功能需求及个性化信任需求，如设置 $Q[0]=(t,>,0.9)$，表示用户对服务的个性化信任度要求是大于 0.9。

基于上述定义 6-1～定义 6-3，可信服务推荐模型如图 6-2 所示。

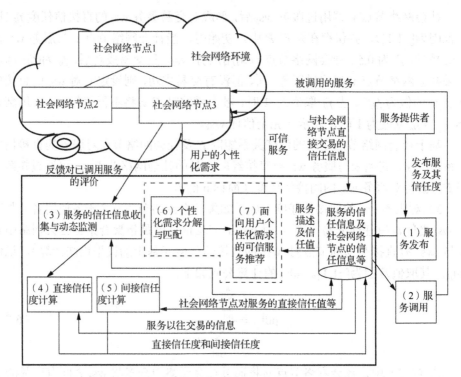

图 6-2 基于社会网络面向个性化需求的可信服务推荐模型

图 6-2 所示的模型中相关模块的含义如下。

1）服务发布：服务提供者以广播的形式向社会网络发布服务，包括服务的描述、QoS 及信任信息等。

2）服务调用：调用满足用户对服务功能和性能需求的服务，根据服务提供者发布的服务功能描述、信任值直接调用服务或通过其他社会网络节点推荐后调用服务。

3）服务的信任信息收集与动态监测：社会网络的每个节点维持一个邻居列表，服务使用者一方面收集基于直接经验的服务交易信息，并从自身数据库查询已有的服务交易信息，包括以往交易次数及成功率、服务使用者的评价信息、服务提供者发布的服务信任信息等；另一方面，当需要时，服务使用者通过社会网络向其邻居社会网络节点反馈并广播对已调用服务的评价（如服务的可信性），而邻居社会网络节点收集该信息，进行服务间接信任度的计算。

4）直接信任度：基于服务调用信息的收集与动态监测结果，形成服务的直接信任度。

5）间接信任度计算：基于社会网络节点的信任网络关系和服务的直接信任度，借助聚合函数方法，计算社会网络节点对服务的间接信任度。

6）个性化需求分解与匹配：服务使用者通过该模块分析用户的个性化需求，进行需求分解与需求匹配。

7）满足用户个性化需求的可信服务推荐：面向用户个性化需求，从数据库查询并分析匹配用户需求的服务功能描述、服务信任度，通过推荐算法向用户推荐满足其个性化需求的服务。

6.1.2　可信服务推荐算法

1. 基于社会网络面向用户个性化功能需求的分解与匹配算法

为实现面向个性化需求的可信服务推荐功能，首先需要对用户的个性化需求进行分解并进行功能需求匹配，为此，针对定义 6-3 中的 F，设计面向个性化功能需求的分解与匹配算法，如算法 6-1 所示。

算法 6-1　个性化功能需求的分解与匹配算法

输入参数：服务集 S, 用户的个性化功能需求描述 D;

输出参数：个性化功能需求与服务匹配信息 M;

Begin

1　　V=OpenNLP(D);　　/*对用户的个性化需求进行分词*/

2　　N=gN(V);　　/*从用户的需求分词向量中获取名词*/

3　　**For Each** $N[i]$ **in** N

4　　　　S_w=getSimilarity($N[i]$);　　　　/*从 WordNet 中获取 $N[i]$ 的同义词*/

5　　　　H_w= getHypernyms($N[i]$);　　/*从 WordNet 中获取 $N[i]$ 的上位词*/

6　　　　$d \leftarrow S_w \& H_w \& N$;

7　　**EndFor**

8　　**For Each**　$s[i]$ **in** S　　/*针对服务集中的每个服务 $s[i]$ 进行处理*/

9　　　　V_d=OpenNLP($s[i]$.desc);　　/*对每个服务 $s[i]$ 的功能描述进行分词*/

10　　　s = getNoun(V_d);　　/*从服务功能描述的分词向量中获取名词*/

11　　　g = Z(d, s);　　/*对个性化需求与服务功能进行语义匹配，匹配度值放入 g 中*/

12　　　$M \leftarrow (s_i, g)$;　　/*保存满足用户个性化功能需求的 s_i 及 g 到 M 中*/

13　　**EndFor**

14　　**Return** M;

End

为提高个性化功能需求的语义理解性，本章首先利用 OpenNLP 对需求进行分词（见语句 1）和获取名词（见语句 2）。OpenNLP 是一个机器学习工具包，本章

用于处理自然语言文本，包括句子切分、词性标注及名称抽取。其次，本章借助词典 WordNet 来处理用户需求的语义模糊性，主要使用 Similarity（同义词关系，见语句 4）及 Hyponym/getHypernyms（即 Is-A 关系，见语句 5）来扩充对需求的语义理解，并将语义扩充理解后的需求保存在 d 中（见语句 6）。再次，针对服务的功能描述（desc）进行分词和处理（见语句 8 和语句 9）。最后，在个性化功能需求分解与处理及服务的描述分解与处理的基础上，对个性化功能需求和服务功能描述进行语义匹配计算（见语句 10 和语句 11），这种匹配为 d 和 s 的最大语义匹配问题。本章利用二分图实现最大匹配，从提高匹配度的角度，计算用户需求与服务的功能描述之间的语义匹配度。

定义 6-4　二分图的最大匹配：给定一个二分图 $G=(V,E)$，将二分图 G 中的顶点集划分为 $X \cup Y=V(G)$，$X=\{x_1,x_2,\cdots,x_k\}$，$Y=\{y_1,y_2,\cdots,y_n\}$，x_k 与 y_n 均属于 $E(G)$，若 M 包含的边数是 G 的所有匹配中包含的边数中最大的，且仅当概念 x_k 与 y_n 的语义匹配度最大时，则 M 称为 G 的一个最大匹配。

基于二分图的最大匹配，计算用户个性化功能需求与服务的功能描述之间的最大语义匹配，计算式为

$$Z(d,s)=\left\{\left[\sum_{j=1}^m \text{getSimilarity}(d_j,s_j)\right]/k \right.$$
$$\left. +\left[\sum_{j=1}^m \text{getSimilarity}(d_j,s_j)\right]/n\right\}/2 \qquad (6\text{-}3)$$

式中，Z 表示 d 与 s 在执行二分图的最大匹配后的语义匹配集大小；k 表示 d 集的大小；n 表示 s 集的大小，计算 d_j 与 s_j 的语义匹配度时，基于 WordNet，本章采用 Java WordNet API 的 getSimilarity() 函数进行概念间的语义相似度计算。若语句 11 计算后得到的 $Z(d,s)$ 为最大语义匹配度，则保存该服务及其最大语义匹配度值于变量 M 中（见语句 12），返回 M（见语句 14）。

2. 基于社会网络面向个性化需求的可信服务推荐算法

在设计的面向个性化功能需求分解与匹配算法 6-1 的基础上，我们设计了基于社会网络面向个性化需求的可信服务推荐算法（见算法 6-2）。在基于间接信任度推荐服务时，往往存在多个满足用户个性化需求的同类服务，难以区分并推荐。本章采用皮尔逊相关系数，通过社会网络节点的信任值与其推荐的服务直接信任度之间的相关性来进行服务推荐。皮尔逊相关系数是一种度量两组变量之间相关程度的方法，其取值范围为[-1, 1]，可以很好地表示信任度之间的相关性，其中 1 表示完全正相关，-1 表示完全负相关，0 表示无关。皮尔逊相关系数计算式为

$$r_{vf} = \frac{\sum_{j=1}^{n}(v_{ij} - \overline{v_j}) \times (f_{jk} - \overline{f_k})}{\sqrt{\sum_{j=1}^{n}(v_{ij} - \overline{v_j})^2} \times \sqrt{\sum_{j=1}^{n}(f_{jk} - \overline{f_k})^2}} \qquad (6\text{-}4)$$

式中，r_{vf} 表示社会网络节点信任度 v_{ij} 与其推荐的服务 ws_k 的信任度之间相关的强弱程度；$\overline{v_j}$ 表示社会网络节点 v_i 对 v_j 的信任度均值，j 为整数且依次取值范围为 $[1, n]$，表示向社会网络节点 v_i 推荐服务的社会网络节点的个数为 n；f_{jk} 表示社会网络节点 v_j 对其推荐服务 ws_k 的直接信任度；$\overline{f_k}$ 表示社会网络节点 v_j 对其推荐服务 ws_k 的直接信任度加权平均值。算法 6-2 具体如下。

算法 6-2　面向个性化需求的可信服务推荐算法

输入参数：服务集 M,用户对服务的个性化信任度阈值 trustDegree,个性化需求匹配度阈值 threshold;

输出参数：被推荐的可信服务序列 recommendList;

Begin

1　**If**(M is null)

2　　　**Return** "No personalized requirements function satisfied services";　　/*表示没有满足用户个性化功能要求的服务*/

3　**Else** /*表示有满足用户个性化功能要求的服务*/

4　　　**For Each** ws_k in M　　/*下面依次对 M 中每个服务 ws_k 的信任度进行处理*/

5　　　　　**If** (g>threshold & f_{jk}>=trustDegree)　/*ws_k 存在直接信任度且直接信任度值>trustDegree 且个性化功能需求匹配度> threshold */

6　　　　　　　strore g and f_{jk} and ws_k into recommendList[0];

　　　　　　　continue;

7　　　　　**Else If**(g>threshold & ndt_{jk}>=trustDegree and r_{vf} is the maximum)　/*ws_k 的间接信任度值> trustDegree 且 r_{vf} 具有最大值且用户个性化功能需求匹配度> threshold*/

8　　　　　　　strore degree, ndt_{jk} and ws_k into recommendList[1];

　　　　　　　continue;

9　　　**EndFor**

10　/*下面按照 recommendList 返回服务的推荐列表*/

11　**If**(recommendList[0]!=null)

12　　　**Return** recommendList[0];　/*先推荐具有直接信任度且满足用户个性化功能需求的服务*/

13　**Else If** (recommendList[1]!=null)

14　　　**Return** recommendList[1];　/*否则，推荐社会网络环境下具有间接信任度且满足用户个性化功能需求的服务*/

15　**Else**

16　　　**Return** M;　/*否则，推荐满足用户个性化功能需求的服务*/

End

在算法 6-2 中，首先判断是否存在满足用户个性化功能需求的服务（见语句 1 和语句 2），若存在满足用户个性化功能需求的服务（见语句 3），则针对用户对服务的个性化信任需求进一步处理，根据算法 6-2 的推荐策略来推荐服务，该服务满足信任度大于用户设定的个性化信任度 trustDegree 且个性化功能需求匹配度大于 threshold。由于服务信任度存在直接信任度、间接信任度、服务发布者提供的信任度及无信任度 4 种情况，因此，有必要针对不同的信任度进行判断。算法 6-2 在 M 中查找是否有满足用户信任度级别的服务，并保存相应的满足用户信任度需求的服务到 recommendList（见语句 4～语句 9）。向社会网络节点推荐服务 ws_k 的规则依据是：由于直接信任度来自社会网络节点（令其为 v_i）自身对服务 ws_k 的直接经验体验，信任值的客观性最高，因此首先推荐具有直接信任度且满足用户个性化功能需求的 ws_k（见语句 11 和语句 12）；由于间接信任度来自社会网络中其他用户（不包括社会网络节点 v_i）对某服务 ws_k 的直接经验信任度的体验，间接信任度值的可信度是次高的，因此，在 v_i 没有对服务的直接信任度情况下，向 v_i 推荐具有间接信任度且满足用户个性化功能需求的 ws_k（见语句 13 和语句 14）；若 ws_k 无直接信任度和间接信任度，则向 v_i 推荐在功能上满足用户个性化功能需求的服务（见语句 16），避免了由于服务推荐中存在的"冷起动"调用问题。算法 6-2 的时间复杂度与 servicesSubset 的集合大小（令其大小为 k）及计算 r_{vf} 的时间复杂度有关（设有 n 个服务需要计算 r_{vf}）。算法 6-2 的时间复杂度为 $O(k*n)$。

当社会网络节点 v_j 向 v_i 推荐了服务 ws_k 后，v_i 调用服务 ws_k，根据服务调用后的信任反馈信息，修正社会网络节点 v_i 对 v_j 的信任度 v_{ij}，计算式为

$$v_{ij} = v_{ij} - \sqrt{\frac{\sum_{j=1 \wedge j \neq i}^{n} (f_{ik} - f_{jk})^2}{n}} \qquad (6\text{-}5)$$

通过社会网络节点推荐的服务信任度 f_{ik} 与其直接信任度 f_{ik} 的差异，对社会网络节点间的信任度 v_{ij} 进行修改。当社会网络节点 v_j 推荐了不真实的服务时，将可信服务推荐与社会网络节点间的信任关系有机关联，社会网络节点 v_i 将根据式（6-5）修改其对社会网络节点 v_j 的信任度 v_{ij}，从而提高社会网络节点间信任关系的可信赖性。

6.1.3 算法分析与实验测试

为了验证本章提出的服务推荐算法，我们在真实的数据集上进行仿真实验和测试。

1. 数据来源及实验相关参数

（1）社会网络数据来源

目前真实的社会网络有很多，如文献[1]提到的 Flixster、Facebook、Myspace 及 Flickr、Gnutella 等。基于实际社会网络开展实验的研究有：文献[2]通过新浪微博的开放平台 API 抓取实验数据，以种子用户为起始，通过逐步在新浪微博社会网络中生成兴趣图的方式来模拟基于弱关系的网络社区的形成过程；文献[3]通过在实验室搭建一个基于手机通讯录的移动社会网络服务系统来获取实验数据。相对而言，基于真实的社会网络进行的实验研究较少，因为获取社会网络数据的时间长且获取的数据往往由于稀疏性而难以满足实验要求。对于社会网络信任关系的研究而言，由于信任关系需要通过长时间的频繁交互才能建立起来，因此真实的社会网络往往难以满足信任度累积的要求。

不少研究应用真实社会网络的数据集进行实验[4-5]。社会网络数据集可以表现为图结构，图数据的特点主要体现为方向性和权重，其中，无向图和无权图所表示的社会网络数据集不适合具有信任关系算法的研究，无向图（如 ego-Facebook）忽略了用户间及用户与服务之间信任关系的有向性，而无权图（如 wiki-Vote）难以满足节点之间及服务应具备信任度的数据要求。目前仅有少数公认的社会网络数据集 Epinions[4]是具有权重（信任关系）的有向图，该数据集来自现实社会网络 www.epinions.com（面向用户的产品服务评论网站），该社会网络独特地提供了"信任机制"，使得节点之间具有信任关系。

本章基于 Stanford Social Network Dataset Collection 的 Epinions[*]数据集进行实验，与文献[4]类似，基于 Epinions 数据集，通过数据集表现具有信任关系的社会网络。Epinions 数据集包括 trust-data 和 rating_data 两部分，其中 trust-data 是从实际的 Epinions 社会网络中获取的社会网络节点间的信任值，值为逻辑值（取值是 0 或 1），对于信任度值是实型值的算法（如本章算法及文献[5]等），为了执行实验，还需要对 Epinions 的 trust-data 数据集进行改造，用户信任度的取值范围为[0,1]，要求用户信任度的赋值符合高斯分布：$\mu=0.5$，$\delta=0.25$。Epinions 的第二部分数据集是 ratings_data，为社会网络节点对产品服务的定级信息，评价等级为整数值[1, 5]，该数据集缺少节点对服务的信任评价信息，因此，为执行实验，需要对 ratings_data

---

* http://snap.stanford.edu/data/#socnets

数据集增加节点对服务的信任信息，服务的信任取值范围为[0, 1]，服务数共 10000 α 个，α 为调节系数（即满足个性化功能需求及信任度需求的服务的比例数）。实验数据集 Epinions 中 80%为训练数据，20%为测试数据。

（2）服务来源

为了适应本章的实验场景，对社会网络节点进行扩充，以保存节点调用的服务信任信息。为使模拟实验更为真实，我们利用了服务集*，共 26 类服务（如 music、money、news、engineering 等），并将注册在 WebServiceList 站点（http://webservicelist.com/）上的部分属于这 26 类的服务加入该服务集。由于该服务集数据缺少对的信任描述，本章对服务集加以扩充，加入信任信息到服务的发布信息和描述信息后再进行测试，扩充后的服务信任信息包括：WSList=(WSID,URI,Des, f_{ik})，具体含义见定义 6-2。

（3）相关实验参数

为分析算法 6-1 和算法 6-2 的性能，结合算法本身，每个社会网络节点拥有邻居列表（NeighborList），邻居节点之间可以互相通信，在计算间接信任度时，通过信息回馈，由获取社会网络节点推荐服务的 WSID 和直接信任度来计算间接信任度。为避免信息无限地在社会网络中转发而造成时间等待和过多的资源耗费，令在社会网络中转发信息的跳数为 500 β，β 为调节系数。相关参数的设置如表 6-1 所示。

表 6-1　仿真实验中的相关参数设置

参数	参数描述	参数取值
|nodes|	Epinions 数据集中社会网络节点数	75879
|edges|	Epinions 数据集中社会网络节点之间的边数	508837
|S|	社会网络拥有的服务数	10000
|NeighborList|	社会网络节点的平均邻居数	9
threshold	算法 6-2 中的个性化需求匹配阈值	0.5
trustDegree	算法 6-2 中的信任度阈值	0.5

---

* http://andreas-hess.info/projects/annotator/index.html

服务功能的个性化需求分解与匹配方面，我们以 OpenNLP 机器学习工具包处理个性化需求的切分及名称抽取，借助词典 WordNet 来处理用户需求的语义模糊性（见算法 6-1）。在此基础上，实现面向个性化需求的可信服务推荐时，我们基于直接信任度、间接信任度和皮尔逊相关系数等计算结果进行可信服务的推荐（见算法 6-2）。每项测试至少包括 30 次实验，将 30 次实验结果的平均值作为一项测试结果。

2. 算法的性能测试与分析

评价指标采用广泛认可的 precision、recall、F1-measure 方法。定义 C 为符合用户个性化需求的服务集，R 为推荐算法返回的服务集，令 $I = C \bigcap R$，即 I 是基于推荐算法得到的正确的服务推荐结果。基于这些前提，precision、recall 及 F1-measure 的计算式如下：

$$\text{precision} = \frac{|I|}{|R|}, \quad \text{recall} = \frac{|I|}{|C|}, \quad \text{F1-measure} = \frac{2 \cdot \text{precision} \cdot \text{recall}}{\text{precision} + \text{recall}}$$

由于 recall 可以通过 precision 及 F1-measure 分析得到，因此，此处只对 precision 及 F1-measure 进行分析。

实验 1 DTR 与 ITR、PTR、NTR 的比较

下面主要从社会网络节点与服务之间的不同关系（包括直接信任、间接信任、服务发布者信任及无信任）及需求满足角度分析可信服务推荐的 precision 和 F1-measure。将本章提出的算法 6-2 中基于直接信任度的服务推荐（direct trust recommendation，DTR）、基于间接信任度的服务推荐（indirect trust recommendation，ITR）与文献[6]的 PTR 方法及文献[7]的 NTR 方法进行比较。

PTR：基于服务提供者发布的信任度的服务推荐[6]（publisher trust recommendation，PTR），该方法是针对用户的服务需求上下文的可信推荐方法，该方法考虑到的服务的信任度是服务发布者提供的。

NTR：基于无信任度的服务推荐方法[7]（no-trust recommendation，NTR），NTR 方法属于随机游走搜索推荐，当找到满足用户需求的服务时，推荐就终止，而不考虑服务是否可信任的问题。

（1）precision 分析

可信服务推荐的 precision 数据如图 6-3～图 6-5 所示。

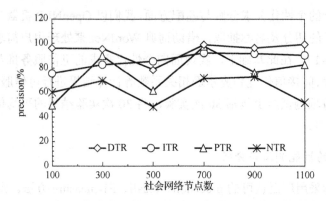

图 6-3　可信服务推荐的 precision（ α=0.8 ， β=0.5 ）

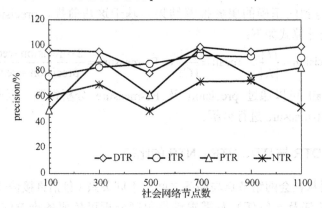

图 6-4　可信服务推荐的 precision（ α=0.5 ， β=0.5 ）

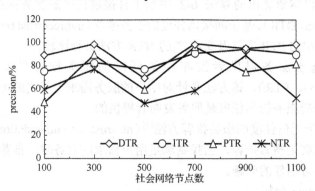

图 6-5　可信服务推荐的 precision（ α=0.8 ， β=1 ）

由图 6-3～图 6-5 的分析可知,在 3 种配置下,DTR 的准确率都很高,原因在于 DTR 是服务使用者向其自身推荐服务,但由于服务自身的变化或网络通信问题,可能导致推荐不可用或描述不一致的服务,出现推荐失误的情况,从而导致服务推荐的准确率会下降。相对 DTR 而言,ITR 的准确率要低些,原因在于社会网络节点推荐的服务真实度难以保证,有些社会网络中节点出于自身原因可能虚报了某服务的信任度,但该服务在实际运行后并不具备所描述和所推荐的功能,导致服务推荐的准确率开始时不高,但随着交易次数的增加,不断从社会网络中记录这些非善意的社会网络节点,通过降低对这些社会网络节点的信任度及其推荐的服务信任度,协同过滤非善意的节点和服务,提高 ITR 的服务推荐正确率。因此,随着交易次数的增加,ITR 方法的准确率也在逐渐上升。对于 PTR,若服务提供者提供的信任度是准确的,则服务的推荐准确率高,否则准确率会受到影响。对于 NTR,其影响服务推荐的主要因素是服务提供者发布的服务质量,若服务质量高,则服务推荐的准确率高,否则推荐的准确率低。因此,后两种服务推荐的准确性处于波动起伏较大的不定状态。从图 6-3～图 6-5 可以看出,不同的调节系数 α 对准确率影响不是很明显,基本没多大变化;但不同的调节系数 β 对准确率相对有所影响,随着社会网络转发信息的跳数增大,社会网络推荐的范围增大,推荐的准确性相对有所提高。

图 6-3～图 6-5 中,由于 500 节点和 1100 节点的社会网络增加了不可信社会网络节点的比例(达 80%以上),导致服务推荐的性能在图 6-3～图 6-5 中出现规则性的下折效果(下同)。例如,节点数为 300 的社会网络与节点数为 500 的社会网络的图形出现效果反差比较大,同理,节点数为 900 的社会网络与节点数为 1100 的社会网络的图形出现效果反差也很大。由实验可知,当不可信的社会网络节点的比例达 80%以上时,对可信服务推荐的性能有很大的负面影响。图 6-6～图 6-8 的实验为类似设置。

(2)F1-measure 分析

F1-measure(简称 F1)分析如图 6-6～图 6-8 所示。

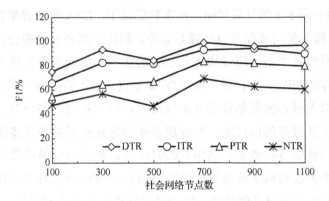

图 6-6　F1-measure 分析（α=0.8，β=0.5）

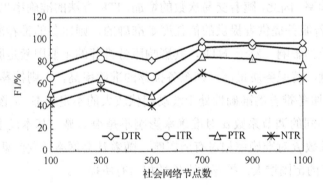

图 6-7　F1-measure 分析（α=0.5，β=0.5）

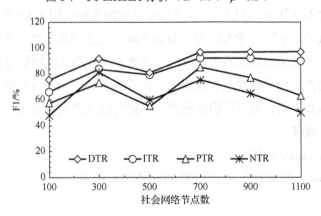

图 6-8　F1-measure 分析（α=0.8，β=1）

由图 6-6～图 6-8 综合而言，基于直接信任度推荐的 F1-measure 值是最高的，其次是基于间接信任度的推荐，基于间接信任度的可信服务推荐会随着社会网络节点间的信任及时更新排除不满足信任要求的社会网络节点，并且通过社会网络节点间的协同操作来不断过滤掉不满足信任要求的服务，从而提高社会网络节点可信服务推荐的准确率和 F1-measure 值。不同的调节系数 α 和 β 对 F1-measure 的影响不是很明显。

综合图 6-3～图 6-8，算法 6-2 中提出的 DTR 和 ITR 方法及推荐策略是可行和有效的。在算法 6-2 中，由于基于直接信任度的服务推荐局限于社会网络节点的内部，而基于间接信任度的服务推荐是其他社会网络节点聚合直接信任度而成的，相对而言，基于间接信任度的服务推荐具有推广应用价值，在此，我们讨论通过皮尔逊相关系数提高基于间接信任度的服务推荐的准确率，示例如表 6-2 所示。表 6-2 给出了社会网络节点 v_1 对社会网络节点 v_j（j 依次从 2 变化到 5）的信任度，以及 v_j 对服务 ws_k 的直接信任度信息等。

表 6-2　计算社会网络节点间信任度与推荐的服务之间的皮尔逊相关系数

v_1 对社会网络节点 v_j 的信任度（j 从 2 变化到 5）				v_j 对其推荐的服务 ws_k 的直接信任度（k 从 1 变化到 3）				
v_{12}	v_{13}	v_{14}	v_{15}	f_{2k}	f_{3k}	f_{4k}	f_{5k}	ws_k
0.5	0.7	0.8	0.9	0.8	0.6	0.6	0.8	ws_1
0.5	0.7	0.8	0.9	0.3	0.9	0.7	0.9	ws_2
0.5	0.7	0.8	0.9	0.9	0.7	0.7	0.5	ws_3

在表 6-2 中，ws_1～ws_3 是满足用户的个性化功能需求的 3 个服务，社会网络节点对服务 ws_1～ws_3 推荐的信任度不同，但 3 个服务的间接信任度（采用加权均法计算）是相同的，均为 0.7。由于社会网络节点 v_1 对服务 ws_1～ws_3 的间接信任度是相同的（$\overline{f_1}$、$\overline{f_2}$、$\overline{f_3}$ 均为 0.7），因此仅根据加权均值计算的间接信任度很难从三者中选择最优的可信服务。本章提出的推荐方法综合考虑了社会网络节点的信任度与其推荐的服务信任度的皮尔逊相关系数，由表 6-2 可知，当社会网络节点间的信任度不变（均依次为 0.5、0.7、0.8、0.9）的情况下，通过式（6-4）计算皮尔逊相关系数，可知社会网络节点间的信任度与服务 ws_1～ws_3 的直接信任度的 r_{vf} 是不同的：与 ws_1 的 r_{vf} 值为 -0.16903，与 ws_2 的 r_{vf} 值为 0.828079，与 ws_3 的 r_{vf} 值为 -0.95618。可见，与 ws_2 的皮尔逊相关系数大于 0.8，表示社会网络节点之间的信任度与服务之间的信任度极强相关，从而确定 ws_2 为 3 个服务中推荐的最优可信服务。实验结果表明算法 6-2 基于间接信任度的服务推荐方法可实现从候选服务集中推荐最相关的可信服务，提高了服务推荐的准确度。

实验2　本章方法与 RS、SOCIALMF 方法的比较

下面主要从社会网络节点—节点—服务（项目）之间的三元信任关系及需求满足角度，比较本章方法与其他方法的推荐性能，分为 precision 分析和 F1-measure 分析。比较对象：文献[8]提出的 RS 方法及文献[1]提出的 SOCIALMF 方法。RS 方法和 SOCIALMF 方法均是基于信任度的社会网络推荐方法。

RS 方法[8]：通过声誉来计算社会网络节点的信任度，并推荐可信服务。

SOCIALMF 方法[1]：通过直接邻居节点的信任度矩阵来计算节点的信任度，并进行可信推荐。

（1）precision 分析

当取 α =0.5，β =0.5 时，3 种方法的 precision 比较分析如图 6-9 所示。

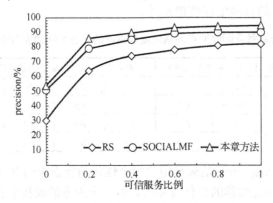

图 6-9　3 种方法的 precision 比较分析

图 6-9 中纵坐标为 precision 值；横坐标含义：以 0.2 为例，可信服务比例占 20%，而不可信服务比例占 80%。从图 6-9 中可以看出，0.2 是一个比较明显的分界线，当比例小于 0.2 时，RS 的 precision 值最小，本章算法的结果与 SOCIALMF 方法的比较相近，在 50%左右。当比例大于 0.2 时，随着比例的增加，3 种方法的 precision 值均上升，表示算法性能均有所提高，当比例为 1 时，precision 的值最高。实验表明：比例太小（<0.2）时，可信服务推荐的准确率相对是较低的。

（2）F1-measure 分析

3 种方法的 F1-measure 比较分析如图 6-10 所示。

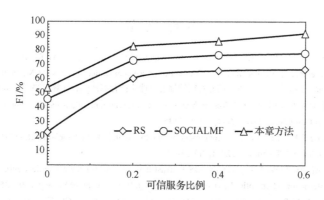

图 6-10　3 种方法的 F1-measure 比较分析

图 6-10 中纵坐标为 F1-measure 值，横坐标含义同图 6-9。与图 6-9 类似，0.2 在图 6-10 中仍是一个比较明显的性能界限。从图 6-10 可知，本章方法的 F1-measure 值相对优于 SOCIALMF 方法和 RS 方法的 F1-measure 值。

综合图 6-3～图 6-10 可知，本章方法既考虑到社会网络节点间的信任度，也考虑到社会网络节点对服务的直接信任度和间接信任度，通过多重过滤方式进行可信服务推荐，相对而言，其性能是三者中最好的。

6.2　总结与展望

在开放社会网络环境中，基于推荐信息定位可信任的服务是服务发现的一种基本、有效的手段，如何面向用户的个性化需求推荐可信任的服务是当前需要解决的重要问题。本章基于社会网络，提出基于社会网络面向个性化需求的可信服务推荐模型，设计针对用户个性化功能需求的分解与匹配算法；在功能需求匹配的基础上，基于直接信任度、间接信任度，设计相应的可信服务推荐算法，使得被推荐的服务同时满足用户对服务的个性化信任度需求。本章提出的方法一方面可降低传统的集中式控制过程中服务发现的瓶颈问题及服务信任难以保障而导致的服务推荐可靠性低的风险，另一方面利用个性化需求的匹配来推荐满足用户需求的服务。最后，通过实验验证了本章方法是有效和可行的。社会网络作为当前服务应用的主要场景之一，在后续的工作中，在可信服务计算的基础上，有必要研究用户节点之间需求相似度问题、在推荐过程中由于服务和社会节点的加入和退出的复杂演化机制等，以进一步符合可信服务推荐的运行场景和提高推荐性能。

参 考 文 献

[1] JAMALI M, ESTER M. A matrix factorization technique with trust propagation for recommendation in social networks[C]//Barcelona, Spain: The 4th ACM Conference on Recommender Systems, ACM, 2010: 135-142.

[2] 刘晓飞, 朱斐, 伏玉琛, 等. 基于用户偏好特征挖掘的个性化推荐算法[J]. 计算机科学, 2020, 47（4）: 50-53.

[3] WANG Y X, QIAO X Q, LI X F, et al. Research on context- awareness mobile SNS service selection mechanism[J]. Chinese Journal of Computers, 2010, 33(11): 2126- 2135.

[4] MA H, KING I, LYU M R. Learning to recommend with explicit and implicit social relations[J]. ACM Transactions on Intelligent Systems and Technology, 2011, 2(3): 1-19.

[5] RICHARDSON M, AGRAWAL R, DOMINGOS P. Trust management for the semantic web[C]//White Plains, NY, USA: The 2nd International Semantic Web Conference (ISWC), IEEE Computer Society, 2003: 351-368.

[6] HANG C W, SINGH M P. Trustworthy service selection and composition[J]. ACM Transactions on Autonomous and Adaptive Systems, 2011, 6(1): 1-17.

[7] HURLEY N, ZHANG M. Novelty and diversity in top-n recommendation-analysis and evaluation[J]. ACM Transactions on Internet Technology, 2011, 10(4): 1-30.

[8] YAO J H, TAN W, NEPAL S, et al. Reputationnet: A reputation engine to enhance servicemap by recommending trusted services[C]//Honolulu, HI, USA: IEEE Ninth International Conference on Services Computing (SCC), IEEE Computer Society, 2012: 454-461.